哪有工作不委屈,不工作你会更委屈

那些打不垮我们的,只会让我们更坚强

U0842778

洪雪珍 —— 著

中国民族文化出版社
北京

版权所有 侵权必究

图书在版编目（CIP）数据

哪有工作不委屈，不工作你会更委屈 / 洪雪珍著. —北京：中国民族文化出版社有限公司，2020.5
 ISBN 978-7-5122-1341-8

Ⅰ.①哪… Ⅱ.①洪… Ⅲ.①成功心理－通俗读物 Ⅳ.①B848.4-49

中国版本图书馆CIP数据核字（2020）第041998号

《哪有工作不委屈，不工作你会更委屈》（洪雪珍著）本书简体中文版由洪雪珍经有方文化有限公司与台湾巴思里那有限公司授权中国民族文化出版社独家出版发行，版权所有。未经洪雪珍书面同意，不得以任何方式做全面或局部翻印、仿制或转载。

著作权合同登记号：图字01-2020-0662

哪有工作不委屈，不工作你会更委屈

作　　者：	洪雪珍
责任编辑：	陈　馨
装帧设计：	水长流文化发展有限公司
出　　版：	中国民族文化出版社
地　　址：	北京市东城区和平里北街14号（100013）
发　　行：	010-64211754　84250639
印　　刷：	三河市良远印务有限公司
开　　本：	787mm×1092mm　32开
印　　张：	8.5
字　　数：	200千字
版　　次：	2020年5月第1版第1次印刷
书　　号：	ISBN 978-7-5122-1341-8
定　　价：	49.80元

自序

委屈，
是用来强大自己的

面对了，是心的强大；

放下了，是心的豁达；

自在了，是心的家园。

有一次台湾《国语日报》邀请我写长期专栏，对青少年畅谈职业生涯规划。我当时的心情比写其他专栏都兴奋——终于等到了这个好机会！

因为我在人力银行工作，每年要做毕业生调查，但每年的结果都差不多：在4名大学毕业生中，有3名不知道自己要做什么；半数认为自己念错科系，浪费4年时光。这真是让人痛心的数据！所以我一直在想，如果可以在青少年阶段，还处于自我探索时期，和他们谈一谈职业规划，也许可以发挥力量，让这种情况有所改变。

不该跟孩子说真实的世界吗

可是，我的一腔热血马上被冷水当头淋下——稿子一连被退了5篇，这种事从未发生在我身上。我已经把语句修改到最浅显易懂，举的例子也来自青少年的日常生活。一时之间我不知道哪里出了错，也不知道从何改起。

我的一位同事在小学教过书，他帮我查看了稿子，马上就抓住了关键问题。他说，在学校里，老师的责任是教孩子知道"应然"（指事物或事件应该的样子），而不是"实然"（指事物或事件的现实状态），可是"你的文章恰恰倒过来，写的是'实然'，而不是'应然'"。

换句话说，从教育的角度来看，我的文章内容属于"观点不正确"，而台湾《国语日报》是一份肩负教育使命的报纸，当然要退稿。

什么是"应然"？

应然是理想中的美好世界。例如，努力就应该成功，善就应该有善报，恶就应该有恶报，有志者就应该事竟成……人生的一切都处于公平、正义及秩序之下，一切都可以预期，最后顺理成章一定会出现真善美的结局，给人以希望，充满励志，传达正确的信念。

进入职场之后，充满困惑

然而我写的"实然"则是一个真实的世界，不符合孩子们的预期，会令他们困惑：为什么有些人认真工作，却没有成功；为什么有些人温和友善，却受到同事的排挤；为什么对公司忠诚，却被资遣[①]裁员；为什么对老板毕恭毕敬，却不见得受到重用……

"你写的未来职场事实，远远超过了孩子们的认知逻辑，他们难以理解，找不到其中的因果关系。"

是的，这就是问题所在！

[①] 人事方面的资遣一般是指单位在撤并时，对没有安置的人员按照劳动者在单位的工作年限和职级给予一定的经济补偿，从而终结劳动关系的一种做法。中国大陆现行法律法规中并没有"资遣"概念，可以理解为有偿解除劳动合同。

从小，学校教育告诉你，世界是美好的，人性是本善的，努力就会成功，失败了也可以爬起来……直到你长大成人，步入社会，进入职场之后，真实的世界却经常让人感到委屈——因为在努力付出之后，结局并不如期待！小时候的教育，教你充满希望；长大之后的人生和职场，却似乎要教人失望。

其实，你不必委屈，而且你所经历的委屈，也是多数人每天都在经历的。你并不孤单，不是这世界上唯一受委屈的那个人。

这是我写本书的目的。

▎首先，请认清人生的真相

我想在书里告诉大家，**在人生这条道路上，与其怀抱乐观，不如向往达观**。因为真实世界不是小时候老师教的那一套，及早认清以下3个人生真相，就不会失望，反而充满了希望，获得内心的平静和真正的满足。

1. 人生只有缺憾，没有完美

缺憾，才是人生的本质。你之所以会觉得别人的人生完美无缺，对其充满羡慕，那是因为彼此还没有熟悉到可以看见对方隐藏起来的缺憾。

2. 人生只有不同，没有相同

不同，才是人生的真相。人生不是一个模子，没有两个人的人生是相同的。条件不同，际遇不同，抉择不同，结果自然不同，无从比较。

3. 人生只有体验，没有好坏

体验，才是人生的目的。用漫长的数十年去探索不可知的未来，其中会遇到困难，也会解决困难，一切都是学习，也都是成就。

其次，请确定人生态度

认清人生的真相之后，请展现出正确的人生态度——不畏艰难，勇往直前，在过程中享受学习与快乐，这就是达观。在职场中，我有以下4个建议，帮助你在面对低潮与挫败时，还能保持豁达的心境。

1. 对工作要有企图心[①]，但不要把工作视为人生的全部

通常全公司怨念最深的那个人，都是工作最认真的人。他们以公司为家，把老板当家人，每天加班，没有休闲，没有生活，没有爱情。一旦工作"背叛"他们（如升职加薪没有他们的份），人生就此崩塌。所以生活要另有重心，自然失望会少一些，快乐会多一些。

2. 对工作要认真努力，但不要视成功为必然

谋事在人，成事在天。努力是一回事，成功是另一回事，中间不一定画等号。因为变量太多，并非全部操控在自己手中，有时期望难免落空。可是只要长时间一步一个脚印，最终还是会走到接近成功的终点。努力不一定会成功，但是不努力一定会失败，所以努力仍然是追求成功的必要条件。

3. 没有一份工作是不委屈的，不安是工作的一部分

工作若是还有进步的空间，一定存在着压力，否则职业生涯

[①] 企图心是指一个人做成某件事情或达成既定目标的意愿。企图心的强烈程度取决于意愿的强弱。

就会出现风险。当然，压力的大小最好在可以承受的范围内。可是没有人知道何种程度是刚刚好的压力，所以要学会纾解压力，而不是去抱怨。

4. 没有人必须对你好，紧张的人际关系是常态

每个人都在打一场生存战，都会站在自己的立场上，追求自身利益的极大化。没有人必须要对你好，所以当别人没有顾及你的感受或利益时，最好视为各有难处，不要去在意，要学会包容。

在这个世界上，没有人会无缘无故出现在我们的生命里，每个人都是生命中应该出现的人；每件事情的发生也都有原因，是必然会发生的。所以在职场遇到令你委屈的人或事时，请对自己这样说：

我的胸襟，是委屈撑大的。

我的坚强，是委屈锻炼的。

我的人生，是委屈丰富的。

目录

CHAPTER 01

你所经历的，也是多数人正在经历的

适应力是最强的竞争力，不确定性则是最强的性格，一定要拥有它们，才能在职场不受委屈！

好工作，不过是养家糊口 ································· 002
被需要的，才有价值 ··································· 009
年资长，不代表能力大 ································· 017
资遣，将是家常便饭 ··································· 024
你有争取加薪的野心吗 ································· 032
别让长寿成为一种诅咒 ································· 040

CHAPTER 02

职场政治是至难的修行

由人构成的社会，本来就存在各种非理性与不公平，既现实又残酷。坚强起来，正视它们，战斗至胜利为止，弱者连感到委屈的权利都没有。

反复不过是顺应变化的弹性	050
能对付"鸟事",方显真本事	057
想做事,也得会做人	064
有些好,永远不会被感激	071
请假也需要适应与学习	077
过度服务只会害死你	085

CHAPTER 03

不安不过是人生的一部分

30岁以后,不时遇到人生重大转折与抉择,不安更是平常。我们要做的,就是弄明白不安的原因,增进自己的价值,不安自然就会消散。

焦虑可以是一种动力	094
请理解,没有人必须对你好	100
接受自己,才会找到快乐的自己	107
梦想属于自己,与工作无关	113
学位不是职业生涯危机的解药	120
准备好接受父母的老去	127

CHAPTER 04
一切都是为了更好的生活

认真工作，再也不能保证职业生涯高枕无忧，有时还有可能得到相反的结果。然而工作的意义是为了过更好的生活，所以我们要变聪明，而不是死工作！

让人力银行成为你的数据资料库……………………………136
别让人力资源部挡住你……………………………………143
想要高薪，就要做对选择…………………………………150
你的喜好不是应征工作的理由……………………………157
主管怎么想，就是比你的想法更重要……………………163
失业是必须尽早管理的风险………………………………170

CHAPTER 05
你能展现的是态度和行动

人生是有目标的，自己是有风格的，必须按照自己的意思活着，一切由自己负责，顶天立地，扛起成败。

没有一份工作是不受委屈的……………………………………178
祝福，可以让过去变成漂亮的资历…………………………184
有时候离开只会让自己受伤…………………………………191
我们都是主动选择了一种生活………………………………197
你的位置不在戏棚下…………………………………………205
在错误面前，自尊一文不值…………………………………212

CHAPTER 06
成长是一辈子的课题

　　工作不是人生的全部，所以不要躲在工作的背后，而要探出头来，认真思考人生。只有不断学习与成长，才是这辈子最重要的课题。

随时为幸运做好准备……………………………………………220
成为创造价值的人………………………………………………226
上班身不由己，更要用假日拯救自己…………………………233
离职的理由永远是为了自己好…………………………………239
快乐生活是终极的追求…………………………………………245
为了未来，颤抖也要走出去……………………………………251

CHAPTER

你所经历的，
也是多数人正在经历的

不要再去想退休了！未来多数人都要工作到老，可是产业更迭快速，裁员资遣成为家常便饭，你唯一能做的就是不断自我提升成为强者。适应力是最强的竞争力，不确定性则是最强的性格，一定要拥有它们，才能在职场不受委屈！

好工作，不过是养家糊口

希望工作与生活取得平衡，是这一代年轻人最重要的工作观。如果这一平衡可以实现，他们宁愿薪水少一点，但同时他们又无法放弃有质量的物质生活，于是矛盾就来了。其实，你不必这么委屈……

什么是好工作?

在过去,当公务员或进学校教书是大多数人的求职首选;若选择进入企业任职的话,则挑选薪资高、福利佳、安稳、有保障的大企业。

现在不一样了!最近,网络上出现的一则帖子,改写了"好工作"的定义,引发网友极大的共鸣。某机构官网刊出该帖时,点赞与分享数量都创下该网站的历史新高。该帖的作者是黄富生,内容如下:

什么是好工作?

• 不影响生活作息;

• 不影响家庭团聚;

• 能养家糊口。

没有这种好工作

看完后,我有点不以为然,心想这3项标准未免太低了,有什么难以实现的?可是看到帖子下方的留言区里,粉丝们竟然说:

"这是绝种的工作!"

"这不是工作,是梦境!"

"根本没这种工作!"

"能够养家糊口就需要加班,就无法满足前两项!"

也有从事传统产业①的相关人士好心提醒大家,传统产业可以满足这3个条件,可惜年轻人并不喜欢从事传统产业……结果,他的留言马上被其他人吐槽说,传统产业勉强可以满足前两项,但是无法养家糊口,还是不够资格被称为"好工作"。最后大家的结论是,只剩下政府机关有好工作,不过公务员越来越不好干,经常性加班也越来越普遍。

没想到,这么低的标准,大家还觉得是天方夜谭,真是出乎我的意料。我第一眼看到这则帖子时,心里还犯嘀咕:小编的选材能力退步了,这既不是文采风流的金言佳句,意义不深刻,也不具备心灵鸡汤的风格,一点励志作用都没有,而且老套无趣到掉渣……工作不就应该这样吗?只不过是日常生活,需要特别写

---

① 传统产业主要指劳动力密集型的、以制造加工为主的行业,如制鞋、制衣、光学、机械和制造业等行业。

下来警世吗？

小确幸竟是大奢侈

可是我错了，错得一塌糊涂。年轻同事的想法与我大相径庭，以下是我们之间的对话。

"内容很平常啊！"

"平常才会引起共鸣。"

"工作，不就'应该'是这样吗？"

"但是'应该'这样，却不代表'真实'是这样。"

某财经杂志曾经做过一项调查，他们想了解现在的年轻人想要快乐还是成功，即年轻人在"小确幸"[①]与"大志向"之间怎样做选择。结果发现，台湾目前的年轻一代倾向于选择"小确幸"。

这个结果很容易导向一个结论：这是缺乏大志向的一代！于是整个社会便开始忧心，认为在这些主人翁当家做主之下，台湾

---

① 小确幸是网络流行词，意思是心中隐约期待的小事刚好发生在自己身上时，感受到的微小而确实的幸福与满足。

的未来堪忧。

我原来也这么想，但看了这则帖子之后，体察到年轻人的心情与感受，心想如果对于这3个"小确幸"的低标准，他们都感到绝望不可期待，社会怎么能期待他们有"大志向"？

当外资企业的薪资也入乡随俗时

过去，大家除了抢着进大企业之外，外资企业也炙手可热，因为薪资与福利俱优，均高于一般水平。因此一般人以为只有本土企业才会压榨劳工，只有台湾老板才会抠门给低薪。可是现在连外资企业也入乡随俗这么干，挟着品牌威力，到台湾以最低工资大赚这个市场的钱。

有一家外资连锁餐厅集团，旗下数十家店，除了店长和厨师之外，内外场几乎都使用时薪人员（时薪是中国台湾地区劳动保障有关规定要求的基本工资）。不过主管带着无比骄傲的口气告诉我一个好消息："时薪人员做满两个月，可以依照绩效表现调薪。"

这的确是个好消息，表示这家公司能为员工提供希望与发展。于是我问对方大概可以调多少钱，答案是"2元[①]"！

一般而言，餐厅一个轮班是4小时，每天调薪8元；天天上班，22天增加176元——两个盒饭的钱！我完全无法理解，这么苛刻的加薪标准，凭什么认为是"好消息"？

接着，我询问对方的用人条件，他回答要对服务业充满热忱。我提到在餐厅工作耗体力，于是他又补充了刻苦耐劳的条件。但是我在心里帮他们补充了第三个用人条件——不计较钱。

企业对员工好，员工就会对企业好

高雄有位年轻的朋友告诉我，他为某全球性的快流行服饰品牌工作，最近公司想要将正职人员全部换成时薪人员，可是又不想给资遣费，于是想出了一个办法——调职！地点远在台北，不提供宿舍和任何补助。和这家公司一起打拼了两年的朋友说："为了工作抛夫弃子，这不是逼我们自动离职吗？"

这样的故事太多太多了，让人不禁深深感叹好工作难求！希

---

① 新台币，1元人民币约合4.25元新台币。后同。

望各位企业负责人都能看到这则帖子，听到员工的心声其实只有这3项。大家没说需要休假多，只要该放假就放假，该下班就下班，不影响生活作息，不影响家庭团聚；也没说要高薪，只要可以养家糊口。

有好工作才会有好员工，有好员工才会有好企业，让我们的职场走向正向循环吧！

【采取行动】

面对工作环境或条件不理想的委屈，你可以这么做——

没有一份工作是完美的，有本事的人不会自觉委屈，而是采取行动。清楚自己想要的理想工作需要具备哪些条件，排出优先顺序，选出自己在意的，舍弃不在意的。不能通通都要，否则就会变成通通要不到。

被需要的，才有价值

认真读书20多年，拼到名校毕业，以为求职时会到处抢着要，从此飞黄腾达。错了！其实企业要的是能力，而不是学力；要的是经历，而不是学历，现实难免令人失望。其实，你不必这么委屈……

有些优秀的人总爱怨叹怀才不遇，却从来没想过：自己怀里的才是否是企业需要的？而企业需要的才，自己怀里有吗？没有想通这两点，注定求职碰壁，怀才不遇，抑郁终身。

最近PTT[①]上出现了一个典型事例：她拥有美国名校学历，便自认为工作能力也有99分，哪知台湾企业不买账，于是她觉得企业不识货，批评企业这不对、那不对……后来有大陆企业要录用她，她便认为大陆企业更有见识，懂得欣赏她的高素质，于是决定到大陆工作。这个"她"，我们姑且称为"Penny"。

台湾企业不请她，是识货，还是不识货

Penny毕业于台湾政治大学，在公关公司工作两年后，赴美求学，就读于一所传播科系Top10的大学，而且TOEIC（国际交流英语考试，即托业考试）考了970分。Penny的学历漂亮，英语能力强，可是不想离乡背井，于2016年回到台湾发展，职务锁定品牌公关。

[①] 台湾最大的年轻人聚焦的网络论坛。

Penny开出的薪资分为两档：不需要使用英语的工作，月薪4万~4.3万元；需要使用英语的工作，月薪4.5万~4.8万元。她前后面试了8家企业，结果令Penny失望透顶。她怅然地说："本来选择回家乡发展，就是想奉献所学，没想到还是要离开家，到大陆去工作……"

将自己的一腔热血洒到家乡的土地上，居然连股烟都没有冒，因此Penny气得在PTT上吐槽。她详述各家企业的面试过程，并列出对方给出的薪资，引起网民热议。年轻同事看完网上的文章，脱口而出："台湾就是不重视人才，给香蕉就只能请到猴子，难怪人才会流失，企业活该没有人才可用！"（又是一段典型的"乡民"[①]言论，充分说明台湾年轻人对于就业市场的"智商"水平。）

Penny应征的8家企业中，游戏类产业包括红心辣椒、网石棒辣椒和新加坡商G社，她对这3家企业开价月薪4.3万。新加坡商G社没有下文，红心辣椒还价月薪3.6万，网石棒辣椒还价月薪4万

---

① "乡民"一词源自周星驰的电影《九品芝麻官》，后来引申出"爱凑热闹，跟着群众起哄"的意味。

（外加年终1~2个月月薪），都低于Penny的预期。此外，还价的还有东元电机，月薪3.6万，全年计16个月，年薪算是接近Penny的理想值。

其他4家则直接拒绝或以"再联络"婉拒。例如，Penny对外销计算机Getac开价月薪4.5万，对做电子商务的创业家兄弟开价月薪4万，这两家都没有给她进一步的回应。轮到做香氛产品的十分国际，Penny开价月薪4.5万，把对方主管吓了一跳，还问她真的领过这么高的薪水吗？最后是宝成鞋业的关系企业，对方坦白地告诉Penny加班至晚上8点是常态，周末还要办活动。Penny不爽，就狮子大开口喊价月薪5万。后来她连主管都没见着，当然也不会有人再联络她了。

走出台湾，就会知道自己的斤两

Penny一共面试了8家企业，只有3家跟她谈到薪资数额，Penny的求职录取率不如学历亮丽，她的失望可想而知。可是她并没有检讨自己哪里不足，而是怪罪企业，放大面试时她看到的缺点。例如，企业的招聘人员态度差，好像求职者有求于他们，必须放低姿态；被问及企业愿景时，招聘人员都答不出，只得到"不景气"和"会努力"等丧气话。

当Penny到大陆企业面试时，不仅这些"台商问题"不存在，而且薪资高、面试感觉佳，即使Penny不想离开家乡，仍然不得不奔赴对岸。可是她在文末留下伏笔：年后再看看台湾有没有其他理想职缺。

看完Penny的帖子，我访问了4位大企业的人力资源主管、1位公关公司总经理和1位电视台新闻部主管，他们都不约而同地说："一路好走，祝福她！"

他们一致认为，Penny学历好、英文佳固然是优势，但是只有两年公关经验，不足以独当一面。她用这种待价而沽的态度求职，只显示出她对产业无知、态度高傲罢了。她一旦走出家乡，势必会碰钉子、受挫折，到时候就会知道是台商有问题，还是自己有问题。

【对业界的无知 ①】台湾是买方市场

公关业在台湾早已是成熟产业，人才济济，英文好的公关高手多得是。在求才方面是买方（企业端）市场，卖方（求职者端）当然要放低姿态。可是Penny完全弄错情势，以为是企业求她去上班。

至于大陆，公关业是刚起步的新兴产业，对人才求贤若渴，加上市场巨大，薪资水平幅度极宽。如果据此得出大陆企业对人才比较尊重的结论，是严重忽视公关业在两地发展处于不同阶段的现实，因此才会对公关人才的需求有冷热之分。

【对业界的无知 ②】学历不等于能力

公关业是高度专业与精致的服务业，必须做到让客户满意，因此一个好的公关既要有"出将入相"的能力，又要具备"后宫佳丽"般的外貌。

具体来说是指需要具备策略性思考、逻辑性思维、新闻写作技巧、计划与执行能力，还要有良好的沟通能力，擅长做提案、简报和说服等，更要懂得经营媒体关系这条重要人脉。说到这，已经够让人心生怯意了，还要附加优秀的外部条件，如外形、穿着、仪态和谈吐等，能够充分展现出亮丽的专业特点。

在台北当公关，入门起薪2.8万元，凭本事调薪；工作两年后，月薪调至4.3万元，但需要非常优秀、杰出才拿得到，即以上各项能力都要在基本水平之上。漂亮的学历不等于具备这些能力，Penny也并未充分说明自己的专长强项，企业当然会迟疑。

【对业界的无知③】没有能耐，就要有态度

Penny迷信学历，态度高傲，缺少企业期待的自信中带有谦虚的品质，这是她不被录取的原因。公关既要服务客户，又要伺候媒体，企业怀疑她难以胜任。受访的新闻部主管说："办活动时，连叫她买个盒饭，主管都要犹豫再三，不知是否叫得动，还有什么事敢请她做？"

【对业界的无知④】薪资有行业差异

公关业起薪不高，讲究实务累积的经验、能力与人脉。只要能在业界挖掘几个重要客户或做出几件响当当的大项目，证明自己可以独当一面，有了成绩和信誉之后，企业便会纷纷来挖墙脚，这才是薪水三级跳的时机，可以翻上1~3倍。

可惜的是，Penny在人生起步时，一味向外求——求高薪，求大企业，求企业说得出令人憧憬的愿景；却忽略了向内求——弯下腰学习，培养本领，以及证明自己。一位500强企业的人力资源处长说："她只是一味地要求企业符合她的条件，却没有考虑企业的用人条件，以及自己要怎么做才能符合？"

台湾企业不是给不起高薪，而是知道谁值得给高薪。的确，企业会喂给猴子香蕉，但是也会给老虎大块肉吃。

年轻人啊，你要做的是证明自己是一头100%的老虎，而不是躲在网络背后叫嚣的纸老虎。拿出来吓人的，不应该是投射在网络上虚张声势的庞大阴影，而是可以做出成绩的真才实学！

【采取行动】

面对自认为未受到合理评价的委屈，你可以这么做——

这个时代没有怀才不遇这件事。当自己的能力被别人低估时，有本事的人不会自觉委屈，而是采取行动。放下小自尊，客观看待能力与期待之间的落差，给他人更多肯定自己的机会。

年资长，不代表能力大

对于薪水，许多人以为它会一直涨上去。其实，真相是很多人在30多岁时薪水便已经停涨，在40多岁时被减薪。让人不禁感到能力被否定、价值受重贬，由此怀疑努力的意义。其实，你不必这么委屈……

上班工作，大家最关心的就是自己的薪水。一般人的简单逻辑是只要努力工作就可以加薪，薪酬曲线将是一条不断上扬的直线，从来没有想到有一天会被减薪。根据台湾地区劳动保障有关规定，减薪必须劳资双方合议，但如果摆在眼前的情况是不减薪就工作不保，那该怎么办？

我并不是在预测未来，而是在描述台湾此时此刻的职场现状。

最近，台湾有关部门公布平均薪资，又引起民众的一阵挞伐。的确，这几年台湾地区的平均薪资是在不断提高：2014年的平均薪资是4.8万元，2015年的平均薪资是5.1万元。但是不少上班族根本感受不到薪水的增加，纷纷站出来质疑数据造假。然而，事实是薪资分布早就产生质变，不是大家没有加薪，而是自己与周围的亲友没有加薪。**这个"同温层"**[1]**也是最需要担心的一群人，过了一定年纪，他们最有可能被减薪！**

---

① 同温层是气象学概念，是指大气层中的平流层，在平流层里面，大气基本保持水平方向流动，较少有垂直方向的流动。这里是指薪资固化的低薪族群。

48岁被减薪3成

薪资日趋M形化，而且越来越向低薪倾斜，这个族群的人口日渐增多，薪资下探的底也日渐加深；至于平均薪资之所以被拉高，是高薪族群的薪资日益攀高，强力拉抬的结果。所以，**低薪族群要面对的不只是低薪而已，还有减薪。**

在我的粉丝专页中，粉丝通常提的问题都是如何加薪，而米克是第一位问我如何向老板提出减薪要求，却不至于让老板起疑心的人。的确，这太奇怪了！如果我是老板，也会怀疑他的动机：是不想专心工作，还是想要跳槽他处？总之，动机一定不纯！

米克只有33岁，正值职业生涯的黄金阶段。按照常理，一般人一定会认为薪水尚未碰到天花板，还有上涨的空间，将随着年资而不断调高。他竟然选在这个时间点提出减薪，其中必有隐情。不过，我听了他的解释之后，不得不赞叹这个小伙子具有超龄的智慧，完全掌握了薪资的密码。

米克的小舅比他大15岁。老板对小舅提出减薪30%的要求，如果他不同意，可以选择离职走人，公司另聘新人。20多岁的职场新人，只要付小舅一半的薪水，一年半载就可以上手。小舅听到这里，按捺不住，冲着老板大骂："你是说，我这25年是白干了，我还比不上一个比我年纪小一半的菜鸟，是吗？"

老板点了点头，用两个字回答："是的！"

小舅一怒之下办理离职手续，头也不回地走了。因为未满55岁，退休金一毛钱也没拿到，还失业一年。后来找到新工作，薪水比原来少30%，小舅也乖乖地去报到了。米克看在眼里，觉得这一切简直是一出荒谬剧，乌龙到令人傻眼。早知今日，何必当初？这件事给米克上了一课，他发誓绝对不重蹈覆辙。

▎先蹲后跳，以免被减薪

米克上网查了资料，发现**在日本，中老年人想要继续留任职场，减薪是一个常见现象。**看来，这是时代的走向，并不是老板强人所难。而小舅犯了冲动行事的大忌，这也让米克提早看到职场的真相——中年危机。

米克在心中暗自做了决定："与其15年后让老板来砍薪水，还不如现在做好准备，自己先下手为强。"

米克的决定居然是主动提出减薪！他毕业8年，换过3份工作，职务一样，工作内容也差不多，该学的都学了，薪水快速成长期走到了尾声。如果不做任何改变，薪水就会万年不动，再过几年便会遭遇和小舅一样的命运，让人痛心与不堪。他想趁着单身，没有经济压力时，多学一项技能，为自己预织一张安全网。可是这样的话，他就没有办法担任主管一职，无法经常加班，因此他想要减薪，让老板接受他这样的改变。

我得承认，老板很难不觉得米克对工作有二心，开口沟通这件事并不容易。当然最好的理由是米克抬出父母需要照顾，减少责任和工时，同时也减少薪水，以便兼顾家庭与工作。最后，老板同意了，当然米克在工作上仍然兢兢业业，学习上也颇有收获，他对于跨过40岁以后的中年危机，也稍微减轻了一些焦虑。

令人高兴的是，一年后米克换了新工作，职务与工作内容和原来的工作相关，而且米克有小主管的经历，也用上了学到的新技能，这种人才在市场上不多。米克跳到规模更大的企业，薪水也比从前提高了30%。当他再度来敲我的Facebook（脸书，美国的一个社交网络服务网站）时，说："我完全没想到，先减薪，再加薪，反而薪水更高！"

预防减薪有3招

是的，只有在信仰年资主义的时代，每隔几年调薪一次，薪酬曲线才是一条不断上扬的直线；**如今则是拥抱绩效主义的时代，底薪的占比变小，奖金比重变大，薪酬曲线早已变成每月起伏的曲线，甚至有可能出现减薪的反折点**。上班族再也不能盲目乐观下去，以为只要工作努力就会加薪。减薪是一个预警，它是资遣的前一步。以下是预防减薪到来的3点建议。

1. 预测减薪在哪一天来临

同一个职务，薪资大约会在8年后碰到天花板，持续一段高原期不增不减，超过一定年纪之后就可能出现反折点，薪资向下减少。如果薪资高过同职务的菜鸟同事50%以上，请精神绷紧些，因为老板的大刀已经悄悄指向你。

2. 突显价值，延长薪资的高原期

一般人买东西都希望价格低、价值高，买到物超所值的好东

西，老板用人也是同样的心理。如果不想让自己的薪资减少，就要想办法增加价值，如特殊的技能、广大的人脉和超强的口碑等。

3. 做出改变，创造第二条薪酬曲线

趁年轻，职业生涯走势还处于上扬的阶段，及早培养第二专长，并做到专家等级，预留出路，随时可以拉出第二条曲线，就不怕一个大浪打过来被淹没。千万不要等到职业生涯走到下滑期，被减薪或裁员时，才惊觉没有下一步可走。

职业生涯这条路，从来就不是坦途，不是费力地往前跑，就是不断落后，最后被淘汰。保持危机意识，总会安全一些。

【采取行动】

面对年资不再是优势的委屈，你可以这么做——

每个人的职业生涯都有天花板，一定有减薪的一天！有本事的人不会自觉委屈，而是采取行动，及早培养第二专长，设法提升自身价值，在漂亮的转折点拉出第二条薪酬曲线。

资遣，将是家常便饭

进外资企业是很多人求职的第一志愿，薪资高、福利佳、头衔漂亮，却没有想到换来的是不稳定。不是两年一任，就是被资遣，赚得多，却赚不久。其实，你不必这么委屈……

"被裁员这件事，从现在开始台湾的员工要学习适应了……"

做出上述判断的人，是我新认识的朋友AY。他做了40多年的人力资源主管，曾被企业裁员3次。听了他的话，虽然阳光暖暖地洒在我们身上，我却硬生生打了一个冷战，全身鸡皮疙瘩，许久搭不上话。

阳明海运减薪，法蓝瓷裁员25%

台湾员工过去不常遇到减薪、资遣或裁员，但从现在开始，越来越多的企业会将它们视为在经营上求生存的必要手段，祭出这3招（减薪、资遣和裁员）的频率日渐密集。照这样发展下去，终有一天连媒体都会对这类新闻产生疲乏，而一般人也不再认为这是职业生涯中的意外事件。

现在之所以还会看到劳资对立、街头抗争，是因为本土企业缺乏处理经验，方法粗暴，让人措手不及且心生反感。AY认为，在处理非自愿性离职这方面，本土企业足足落后外资企业超过20年，还有很大的学习空间。

2016年我与AY谈话的那一天，是11月的最后一个星期四。

虽然赤炎炎的日头当空，秋老虎还在大肆发威，但是我们心里清楚，经济寒冬已经悄然而至。除了复兴航空之外，11月还有两家大企业实施裁员或减薪，而且都是营运与口碑俱佳的大企业！

复兴航空资遣1735人，由于人数庞大且毫无预警，造成社会震惊，转移了媒体的注意力。由于媒体报道方向全部锁定复兴航空，吸引了民众的关注焦点，使得这两家企业得以逃过媒体的穷追不舍，才未给社会再添不安。

首先登场的是阳明海运，上半年亏损84.62亿元，表现不佳达历年之最。为了节省成本，公司针对协理级以上的高级主管实施减薪——协理级减薪30%、副总级以上减薪50%，连董事长谢志坚也难以幸免。

接着，文创精品瓷器法蓝瓷大规模缩编，从研发、制造到营销部门优退[①]25%的员工，以此渡过史上未有的营运危机。早在

---

① 优退是指企业因为特殊原因和职工提前解除劳动关系的规章制度，一般企业会对优退员工给予比劳动法规更高标准的经济补偿。

年初尾牙①时，总裁陈立恒已预告经营困难；到了8月，凡月薪5万元以上的员工减薪一成；到了11月，裁员1/4，另有6名高级主管自动减薪一半。

光宗耀祖的工作，也有一天会辞掉你

这两个晴天霹雳，任谁都难以想象！

在20世纪台湾经济起飞的年代里，年轻人若考进薪资高、福利佳且有保障的阳明海运工作，不只意味着拿到了铁饭碗，这可是会闪到眼睛的金饭碗。亲友会登门道贺，家长还要摆桌宴客，真是一份可以荣耀门楣的好工作。而法蓝瓷是本土文创产业的代表性企业，媒体争相报道，游客争相购买，年年增长创新高，员工平均薪资超过8万元。

---

① 尾牙是闽台地区的传统节日，每月的初二和十六是闽南商人祭拜土地公神的日子，称为"做牙"。二月初二为最初的做牙，叫"头牙"；十二月十六是最后一次做牙，叫"尾牙"。许多公司会选择在尾牙这天举行年终聚会，对公司一年的工作进行总结，并对有功劳的职员论功行赏。

在农历年发年终奖金之前，11月接连3家大企业裁员或减薪，这给台湾员工普及了一个新的观念：过去，我们认为小公司的工作不稳定，进入大企业比较有保障，这样的想法越来越经不起考验！

我的著作《不乖胜出》出版后，有15位家长读后心有戚戚焉，邀请我到读书会演讲。事前我设计了一份问卷请他们填写，答案中出现了一个让我颇为惊讶的数字：有2/3的家长宁愿子女不去考公务员，而鼓励他们进大企业工作。公务员一直是台湾人就业的第一选择，也是父母们的最爱，虽然近年来有"退烧"的迹象，但2015年仍然有50万人报考。从什么时候起风云变色，公务员的排序竟然落到大企业之后？与会的家长竟然异口同声地说："大企业比较有保障！"

他们认为现在公务员辛苦，退休金不如以往，还不如去大企业工作，特别是外资企业，薪资高、福利佳，人人年薪动辄数百万元。当我告诉他们，即使是美国的1000强企业，企业的平均寿命也不过30年，而跨国企业更短到只有10～12年时，家长们的下巴都惊掉了，久久收不回去。

国际企业平均每15年就会迁厂

AY的职业生涯极具代表性,是国际企业在台湾的缩影,写尽辉煌与沧桑,也道尽无情与残酷。

AY自台湾成功大学外文系毕业后,赶上外商来台湾设厂的黄金时期。他的第二份工作是进入RCA(美国无线电公司),工作17年,其间两度易主,先是卖给奇异,再卖给法国汤姆森。AY是三朝元老,均安坐其位,工作看似安稳。就在这时,汤姆森发现RCA居然将有毒的化学物质排入厂区,造成严重污染,毅然决定关厂,AY首度被裁员。

之后,他进入雀巢新竹厂工作,谁知2001年公司政策大转弯,评估台湾的生产成本已经不具有优势,决定不在台湾设厂,全部改由外资原装进口,AY再次面临裁员。他的第三次裁员经验来自AT&T(美国电话电报公司),原因与雀巢无异,也是关厂,搬迁至生产成本更便宜的国家或地区设厂。

"外资企业在台湾,平均只打算待15年!"

这就是外商给高薪的原因!除了招揽顶尖人才之外,另一个原因便是未雨绸缪，将来从台湾撤离时，劳资双方好聚好散，没有怨言。

AY清楚地记得，有一次人力资源部门推出一个新计划，命名为"以厂为家"。美国总公司很快传来了一纸命令，禁止推行这项计划。原因是"工厂就是工厂，家就是家，工厂不是家，家也不在工厂！"

公司不是你的家

国际企业逐"低成本"而居，迁厂是营运常态。因此他们不想让员工把感情投入进来，误以为工厂是家，彼此是一家人。将来要裁员时，产生认知差距，带来劳资纠纷。后来，总公司将亚洲各地区的人力资源主管全部召集到美国开会，要求做到在为新人进行教育训练时，第一段话必须说：

"欢迎加入本公司，我们不保证你可以做到退休，但是公司会将你训练成为市场上最有竞争力的人才（以利于你未来转职）。"

外资企业在发展之路上留下的脚印，未来本土企业也会学着一步步地踩上去。AY说，**随着科技更新快速、产业周期变短，以**

及全球化之后竞争加剧，裁员或资遣都将是家常便饭，每个人一辈子平均要遭遇5次以上。若含着眼泪，满腹委屈，这种状态无法吞下新的一碗饭；相反要改变心态，告诉自己：

"还好是现在资遣，而不是3～5年后，否则到时候转换职业会更困难！"

人生没有不散的宴席，只不过是看谁来喊"散会"罢了。我们可以主动提辞职，企业也可以资遣我们，这就是职场的现实！所以请告诉自己：

第一，没有一份工作可以做到退休；

第二，保持竞争力到退休的那一天。

彼此互勉！

【采取行动】

面对裁员资遣的委屈，你可以这么做——

裁员资遣将成为家常便饭，没有一份工作可以做到退休，有本事的人不会自觉委屈，而是采取行动。接受现实，提升价值，人脉不断，永远可以东山再起，创造另一个职业高峰。

你有争取加薪的野心吗

对于媒体公布的薪资数据,你经常怀疑太高吗?那么,真相是这些平均薪资其实已经被低估过,所以你应该要问的是,为什么你的薪水低于平均值?其实,你不必这么委屈……

根据媒体公布的2015年台湾受雇员工平均年薪超过67万元，比上年增加了1.6万元。很多上班族大呼数据虚假夸大，原因是"我没有领到这么多，而且我周围的朋友也没有"。那么，是哪里出了问题？答案很残酷，请你勇敢面对：

答案一：去年别人加薪了，但是你没有！

答案二：去年你加薪了，但并未加到1.6万元，而别人加薪远远超过这个金额！

你的朋友为什么也没领到67万元

以下事实更加残酷，请你立正站好，仔细地听着：穷人的朋友多半也是穷人，当你的年薪低于67万元时，你周围的朋友领到的年薪大多数也会低于67万元。这个月晕现象[①]会让人以为，全

---

① 心理学借用月晕这种自然现象来描述人们在认识某种事物时，由于个人的心境或对象的某些特征，对它产生了好感，就像月晕一样，觉得它的形象更美好。而对象的不足和缺点都因思想的光环笼罩而被忽略。这是一种以直接结论代替周密的观察、用情绪体验代替理智判断的认知方式。

台湾的上班族都和你们一样，在领低于67万元的年薪，其实并不是！当然，根据80/20法则①，领低于67万元年薪的上班族占了大多数。可以想见另外少数的那群高薪族，年薪则高得令人咋舌。

此外，一般上班族一听到年薪67万元，会用它除以12个月，月薪高达5.6万元。不少人会想："怎么可能这么高？"

请停止质疑，别忘了，台湾企业在年底有发年终奖的习俗。过去，经济较差时，年终奖金额平均为0.9个月月薪；经济较佳时，约为1.7个月月薪。一年至少要领13个月以上薪水，因此67万元至少要除以13，才等于月薪。因此，媒体算出来的月薪是4.8万元，并不是5.6万元。不过即使是4.8万元，大多数人仍然觉得实际上没有领到这么多，因为这个金额还包括已扣缴的劳健保与劳退②。

---

① 80/20法则又称二八定律，意大利经济学家帕累托认为，在任何一组事物中，重要的只占其中一小部分，约为20%，其余80%尽管是多数，却是次要的。

② 劳健保是指劳工保险和全民健康保险；劳退是指劳工退休金，均为强制缴纳项目，雇主与员工按规定比例提缴。

不过聪明的人不应当只问"是什么",还要会问"为什么"！有志气的上班族不应该只嚷嚷:"我没有领到67万元啊！"而是要问:"为什么别人可以拿到超过67万,而我没有？"这才是有心面对薪资真相的正确态度！

姑且让我们从媒体公布的几组数字,来看看究竟是谁加了薪,在哪些部分加了薪,以及加了多少薪,给自己提供一个明确具体的努力方向。

【薪资趋势 ①】未来,平均薪资一定会再调高

一反过去的低迷,2015年的薪资出现了一个漂亮的转折点,终于在漫长的黑暗隧道之后露出一线曙光,平均薪资达到19年来最高。这个薪资成长只是一个起点,它势必成为一个长期向上的走势,对于劳工而言是一个正面的好消息。

近几年来,经过年轻人不断地大声抗议,让台湾有关部门听到了新世代的心声。虽然相关部门的作为微弱——只能每年在最低基本工资上调高几块钱时薪或一两百块钱月薪,却也让更多年轻人觉醒,正视自己的低薪与青年贫困问题,形成强而有力的社

会氛围，逼得企业不得不改善，才能找到人才或留住人才。

即使如此，我仍然要说，企业在调薪方面是不见棺材不掉泪的，之所以会调薪，主要是因为人口红利不见了，这才是真正原因。企业喜欢录用年轻人，可是少子化①现象已经充分反映在就业市场上，企业找不到足额好用的年轻人，不得不利用调薪来抢人。现在的市场情况是企业不只抢毕业生，连在校的工读生也炙手可热，时薪不断提高。

【薪资趋势②】本薪变少，奖金变多

重点来了，调薪为什么没轮到你？

因为你的工作没有奖金可领，更不要说红利！而这两项才是薪资最肥滋滋的部分。

在这次媒体公布的数据中，第二个与薪资关系最密切的变化：经常性薪资占68.8%，为历年最低；非经常性薪资（包括加

---

① 少子化是指生育率下降，造成幼年人口逐渐减少的现象，对于社会结构和经济发展等各方面都会产生重大影响。

班费与非按月发放的工作、绩效、三节及全勤奖金等）占17.4%，为历年最高。

也就是说，企业知道调薪是不可逆的趋势，但是市场变化越来越快，他们担心调底薪会导致人事成本固定僵化，于是将底薪调降，奖金调高，让薪资组合更具有弹性。市场景气时薪资含奖金领得多，经济较差时只剩底薪可领，形成了一个"低底薪、高奖金"的新时代。有本事你来拿底薪加奖金和红利，没本事就只能领底薪。

事实上，现在企业招聘的职缺，几乎有1/3属于业务领域，即使不是业务人员也要兼做业务。例如，邮局柜台人员要卖保险、健身教练要招生、网页设计师要开发项目、物流业司机要兼卖东西……太多太多了，这些都是靠奖金过日子的工作！**如果你还抗拒做业务，不是找不到工作，就是只能领越来越微薄的底薪。若是想领高薪，必须改变求职的方向与态度，拥抱有业绩奖金的职缺。**

【薪资趋势 ③】薪资M形化

薪水向上攀高，来自谁的贡献？不是多数辛苦的低薪族，而是来自高薪族的薪资溢价。可惜媒体没有公布前20与后80的薪资数据，想必是不想挑起低薪族的不满与愤怒，否则真相会更清楚。

未来薪资会持续向上走，如果你仍处于无感状态，表示你属于"在平均后被往上拉高数字"的低薪族；另一端高薪族在薪水上呈现与你快速拉开差距的局面，你不断被甩在后面，越来越远，直至看不见对方的背影。

在全球化时代，只拥有技术与能力是不够的，还需要具有在这个地球上到处自由行的能力，即国际的流动能力。拥有这项能力的人才有可能跻身高薪族，他们的薪水是以国际水平计价，不是和本土看齐，拉高的可不是几个百分点而已，而是成倍数的跳跃；相反，多数只能固守在本土的人，薪水只能随着这条船上下浮沉，每年盼着几百块钱的加薪。

薪资会越来越不公平，赢者全拿，输者只能捡掉在地上的饼干屑。16年来薪资倒退，总觉得还有人做伴，大家一起苦；可是未来媒体每年公布薪资往上涨时，而自己的薪资纹风不动，心里就会比过去更苦，相对的剥夺感日深！所以，一定要想办法脱离这个既穷又苦的景况，除了付出压倒性的努力之外，请一定要注意上述3个趋势。

【采取行动】

　　面对薪资不如人的委屈，你可以这么做——

　　薪资M形化一定会越来越严重！有本事的人不会自觉委屈，而是采取行动。想办法转移到高薪族，改变求职方向，培养全球的流动能力，让薪水与本土脱钩，与国际联动。

别让长寿成为一种诅咒

年轻人追求的是精彩的人生,而非长命百岁,因此对寿命的预估往往偏短,职业规划漏算了最后二三十年。当他们得知竟然要工作到75岁时,难免惊惶失措,觉得人生好辛苦。其实,你不必这么委屈……

老龄化，一般人以为只和老年人相关，其实它是在说未来的自己。如果没有意识到这一点，就不会深刻去地考虑，老龄化对自己在职业规划方面的影响有多深？如果缺少"全局观"，以为此时此刻就是永恒，用现在的观点看待未来的人生发展，一定失焦，也失准。

中国台湾地区老龄化的速度之快，在全球名列前茅。可是我发现，台湾人普遍没有想到自己会"长寿"。我受邀演讲时，在现场询问听众对寿命的预估，结果是多数台湾北部人认为自己会活到80岁，中部人认为会活到75岁，南部人认为会活到70岁。

然而，根据统计，实际情况是台湾地区人口的平均寿命已经达到80岁（被统计的人是往生者，换句话说，目前活着人一定超过80岁）！现在出生的婴儿，半数将活到105岁以上；15～34岁的千禧一代则有一半是百岁人瑞。听到这里，听众无不倒抽一口凉气，纷纷表示："活到这么老，很辛苦，我不要！"

寿命，不是我们能决定的

这种心情，我也有过！时光倒退20年，朋友曾经向我推荐某位算命师,一定要拉我去算命。算命师一一细数未来每十年我的运势,讲到95岁时,他突然笔一扔,说95岁以后看不到了——意思是我的大限是95岁!当时我才30出头,并没有特别高兴,第一个反应是"活到95岁,太老了,我不要!"那时社会上还没有出现老龄化的议题,人们的平均寿命约70岁,朋友当然是恭贺我长寿。现在才知道,与我同龄的这代人活到95岁一点都不稀罕,哪里算得上是长寿!可是不管要还是不要,**寿命有多长不是我们能决定的,长寿是人类命运的必然走向**,由不得我们有意见!

《人类大命运》(*Homo Deus:A Brief History of Tomorrow*)是全球瞩目的新锐历史学家哈拉瑞(Yuval Noah Harari)继《人类大历史》(*Sapiens:A Brief History of Humankind*)之后,创作的又一本畅销巨著。作者笔触幽默犀利,站在未来,回看现在这个时间点,依照人类历史发展的走势,大胆提出一个震撼的命题:"假设可以长生不死,人类会怎么看待人生,会怎么安排职业规划?"可以想见的是,一定和你我大不相同!

长寿，就会缺钱，就要工作

不过，不必假设长生不死，就算只活到95岁，听众第一个想到的是什么？这道题的答案倒是所有人一致：不是健康、朋友或家人，而是缺钱！

是的！多数人通常以为自己只会活到75岁左右，养老金就存到75岁为止，当答案揭晓寿命是95岁时，准备的钱一定不够！可是台湾人却很少想到，老人没钱时要靠工作才会有钱！台湾人习惯早早退休，社会上很少看到老人在工作，所以脑海里不会出现这个选项。事实上，这样的退休观念早已落伍，与时代背道而驰。

台湾的平均退休年龄，2016年创下新高，"高达"58岁，退休后不工作的时间约22年，媒体当成大新闻大肆报道。但是环顾其他国家和地区，会发现我们并不是自己认为的"勤奋水牛"。依照2012年统计，日本人平均寿命83岁，约70岁退休；韩国人平均寿命81岁，71岁退休；美国人平均寿命78岁，65岁退休；连热情浪漫的西班牙人都是61岁退休……他们的退休年龄都比中国台湾晚,退休后不工作的岁月只有13年,而我们的悠闲时光则多出9年!

不只是个人,企业也同样缺乏警觉

和我同龄的一代人,到65岁才可以领到全额劳保年金,年轻一代无疑会延后至75岁,养老金若未存够,则必须工作到75岁!当我在演讲现场提出这个预言时,台下听众无不倒成一片,脸色惨绿……是的,没有人想要工作到75岁,这样未免太"老歹命[①]"了!

退休金延后领取是趋势。现在澳大利亚要到70岁才可以领取,而英国则是67岁,中国台湾也不例外地会向后延;再加上年轻一代薪资倒退,寿命又延长了10年,因此他们不像父母那代人一样有本钱,只需要工作到65岁就够了。

还是那句话,不管你要还是不要,工作到这么老是注定的!你需要思考的是怎样让自己到中年以后还保持价值,让企业肯雇

---

① 闽南语,"歹命"意为命运不好。

用你继续工作。竞争力必须从年轻时开始培养，否则老来能跟年轻人抢7-ELEVEn的工作吗？凭自己的体力与反应力，恐怕连便利店的工作都做不来。

一般上班族并未意识到长寿对职业规划的影响，而企业也好不到哪里去！在人力资源领域负责招募的朋友无不叫苦连天，**人才越来越难找，而找到的人素质越来越差**。这种情况大家通常会认为是人才流失造成的，其实只有少数有本事的精英才能外流，**真正的原因是年轻人口变少，根本无人可找！**可是无论我到哪家企业，问他们要用什么年龄段的新人，得到的数字都是35岁以下！

问题是在少子化与老龄化交叉影响之下，青年人大量减少，中年人大幅增加。2017年2月，台湾地区首度出现老年人口多于幼年人口。老龄化的速度不断加快，光是这10年前后，25～34岁人口数量减少64万人，35～44岁的人口数量增加26万人，55～64岁人口数量增加100万人。偏偏企业还在缅怀过去的美好时光，用人非要锁定青年人不可。说真的，这样只会锁死自己吧！

多给香蕉，也找不到猴子

有一天，一位人力资源的朋友沮丧地告诉我，他的主管明明知道人口结构改变了，还是坚持只录用青年人，宁愿撒下重金，提高内部推荐的奖金，就是不肯用中年人。朋友头痛不已，不断地说这是不可能的任务。

朋友还指出："现在是即使多给香蕉，也找不到猴子的时代！"

台湾就这样陷入两难之中。中年人找不到工作，企业找不到青年人；年轻一代必须工作到75岁，却把头埋在沙堆里，幻想着65岁退休养老……原因就在于我们没有认清真相，昧于事实的后果，这会被历史甩在洪流之后！因此，无论是上班族还是企业，不妨读读这本哈拉瑞的《人类大命运》，知道历史走向，顺天行事，而不是逆天而行，与历史拔河，浪费时间！

每个人都是一步步走向未来，也是一步步走入历史，历史与未来不过是瞬间的切换。有了历史感，才会有未来感，明白下一步何去何从，因而做出正确的决定。且让我们每个人都能够掌握人类大命运，预知未来，做好职业生涯的规划，迎向有质量的长寿人生。

【采取行动】

面对必须延后退休的委屈，你可以这么做——

退休年龄不断往后延，多数人会工作到很老！有本事的人不会自觉委屈，而是采取行动，多思考如何保持自身价值与竞争力，适应产业变化，让自己在中年之后仍有企业愿意雇用。

CHAPTER

职场政治
是至难的修行

职场不是你想的那样,别再抱怨了。抱怨不只没用,更显得无知!你要做的是认清这是由人构成的社会,本来就存在各种非理性与不公平,既现实又残酷。坚强起来,正视它们,战斗至胜利为止,弱者连感到委屈的权利都没有。

反复不过是顺应变化的弹性

年轻人喜欢工作有挑战,这样才有活着的感觉,但是没想到挑战也包括产业更迭、市场变化及主管反复不定,公司必须在矛盾中壮大,因此有人会感到难以适应。其实,你不必这么委屈……

很多人对老板最大的不爽就是朝令夕改。昨天才说那样做，今天不仅变了个样，还是180°大转变，让人无所适从，不知道该怎么做事。老觉得自己昨天白做工了，早知道还不如不那么努力。

在说不出的痛苦与沮丧之余，难免对老板冒起一股无名之火，心里呐喊着："老板，你到底在干什么啊！为什么不一次想清楚，一次说定！请别再改来改去的好吗？再这样下去，我没有办法做事，会很想离职的！"

老板总是改来改去

Gloria在一家网站公司工作，32岁，是一个小部门的主管。和大家一样倒霉，她也碰到了一位朝令夕改的老板。

在两个月之前的公司大会上，老板一脸严肃，正式宣布人事冻结。Gloria从来都是一位使命必达的好员工，老板一声令下，她自然二话不说全力配合，想尽办法重新安排人与事，阻力与中伤自然随之而来。两个月过去了，又到了开公司大会的日子，Gloria兴冲冲地准备提出人事整顿后的绩效报告，哪知道老板却表示要加足马力往前冲,还撂下一句话:"需要人就请,一定要全面快速地抢攻市场,业绩要倍数成长,不要帮我省人力!"

Gloria差点当场昏倒,光是想象下属会怎么解读这件事就胃绞痛。他们一定会说:"老板又没有要冻结人事的意思,都是Gloria想借着节省人事成本,在老板面前邀功。""一会儿要保守经营,一会儿又要火力全开地冲刺,太没定见了,这个主管是怎么干的?"千错万错都是Gloria的错,她必须闷不吭声地全盘承受,丝毫不能推说是因为老板改来改去。

类似这种翻来覆去的情况每个月都会来一次,Gloria只好苦笑着说是生理期来了。Gloria的先生比她大8岁,是公司里的中级主管,每个月也要听她抱怨一次。这次他忍不住对Gloria说:"你不觉得你和你老板是同一类人吗?他带给你的痛苦和你带给我的痛苦没有两样啊!"

其实,我们和老板是同一类人

天哪,Gloria无论如何都不认为自己和老板是同一类人,她觉得受到莫大的羞辱，不服气地要先生举出实例，结果先生马上丢出两个活生生的例子。

比如，早上要穿哪件衣服上班，Gloria可以站在衣橱前磨蹭半小时，床上丢满了决定不穿的衣服，等她一起上班的先生老是等到火大。后来先生提议Gloria提早半小时起床准备，才解决了这个问题。

又如，周末在家时，中午要叫外卖。Gloria一开始表示对吃什么没意见，但等到先生提议订某一家的外卖时，她就会否定推翻。常常是先生提议3家被否之后，非常不耐烦地表示，再不行就由Gloria自己出门买回来，Gloria才会勉强做出决定。

"这样大大小小的事情，一天会发生好几次，你也是在折腾我啊！可是你有改掉这个反反复复的毛病吗？并没有，每天依然上演！"

Gloria闭上嘴，不再抱怨，冷静下来安静地回想整件事的前因后果。今年市场不景气，紧缩人力并没有错；哪知道上个月竞争对手因故退出市场，老板决心增加人手攻城略地，不再紧守人事冻结的旧政策。说到底，也是正确的改变。

改变只是为了适应变化

是的！新决定常常比旧决定好，因为它更适合眼前的客观环境。就像今天早上挑选的衣服，不会是昨天穿的那件或看起来差不多的一件。因为今天的行程、天气、心情、见面的人与昨天都不同，经过各种考虑之后，我们会穿上今天觉得最好看、最适合的那件衣服出门。同样，老板会改变决定，是因为市场变了、局势变了，他必须随机应变，有所调整，才能带领公司走向更美好的明天。

在公司经营上，做决定是一件高难度的事，它不是穿衣服或订外卖，不像员工们想象得那么容易；而改变带来的痛苦，也不是衣服堆满整张床那般混乱而已，不像员工们想象得那么轻松。无论最后的决定是什么，员工只是执行者，成败主要还是由老板承担，他的压力比员工更巨大沉重。

当我们抱怨老板改来改去时，也许要从另一个角度思考，难道我们喜欢一个知错不改、不知变通的老板吗？**一个会改变的老板比一个不会改变的老板，让作为员工的我们更放心，反而是员工要学习拥抱不确定性。**

不确定性是新的课题

我们公司于2018年开发出一个新的职场性格测验，比起传统测验多出了14项性格指标，这些内容都是顺应时代变化及企业对员工的新要求而研发出来的。其中有一项最特别，叫做"不确定性"。企业的人力资源主管刚看到这项性格指标时，通常都是先愣了一下，但很快就点头称是，一脸认同地说："是啊，现在市场变化太快，没有工作固定不变，能适应不确定性的员工，真的是越来越需要了！"

老板就是会反反复复，公司也是在矛盾中成长壮大的！说起来，我们的人生不也是这样走一步退两步，再进三步地走过来的吗？那么，请别再苛责老板，也别再抱怨公司了，而是要学会认清事实，并且培养出自己的不确定性。

事实上，抱怨老板捉摸不定，只会暴露自己的弱点罢了。曾经有一家企业的人力资源主管告诉我，他在面试新人时，通常会询问对方的离职原因，对那些回答"因为老板朝令夕改"的人，都不予录取。因为他认为没有老板是不反复的，若因此而离职是这个人有问题，是他应对产业变化的弹性太低，适应力太弱！

【采取行动】

面对主管朝令夕改的委屈，你可以这么做——

主管就是反复不定的"变异人"，有本事的人不会自觉委屈，而是采取行动。改变自己，先增强适应方面的弹性，再进行向上管理，充分沟通，方向一致，赢得信任，主管自然就会被你"驯服"。

能对付"鸟事",方显真本事

做自己喜欢的工作,是多数人期待的理想状态!可是即使是自己喜欢的工作,其中还是会包含不少不喜欢的部分,难道要因此幻想破灭,离职的念头一天闪现1000次吗?其实,你不必这么委屈……

工作中，一定会有一些令人讨厌的"鸟事"，如果一直被烦躁的情绪所控制，"鸟事"或许会恶化成蠢事，令你看起来不聪明，甚至掉进陷阱里。也许换个心情，换个想法，"鸟事"也会变成美事，让自己显得更有智慧。

有一次，影星霍建华在拍片的空档去超市买饮料，碰到粉丝请他签名，霍建华亲切地一一签了，但是眼睛不时地瞄向对面街道——原来对面有狗仔队一直在跟拍他的一举一动。终于签完了，霍建华转身要返回片场，一时怒火攻心，无法按捺脾气，他对着狗仔队大吼："拍够了吗？"

再不想做也是工作的一部分

霍建华的这句话只不过4个字，却令各大报纸争相报道。只能说霍建华太红了，否则这件事哪够分量成为一条新闻呢？

说起来，比起很多明星，霍建华的反应算是温和的。周杰伦恼火时，曾拿起相机对着狗仔队一路追拍；对什么事都要发表意见的吴宗宪，曾扬言要把狗仔队赶出台湾……可见，只要红了，明星艺人对狗仔队都深恶痛绝，甚至有人生气到动手打人或砸相机，因为明星艺人也有隐私权！

明星艺人的工作，其中重要的一环就是不断制造话题曝光，不断抢镜头、搏版面，追求人气上升——这些都属于工作的一部分！身为明星艺人，却拒绝狗仔队的跟拍，就如同普通上班族对老板扬言："我知道这是工作内容的一部分，但是我不想做，因为我对这部分不爽！"

你觉得老板会怎么回答？他一定会说："要么全做，要么滚蛋！二选一，你选哪一个？"

有美事，就会有"鸟事"

每个人的工作中，都有自己喜欢的部分，叫做"美事"；同时也会有不喜欢的部分，叫做"鸟事"。什么是敬业精神，就是美事和"鸟事"都要承担，并且做好它们。绝对不是只挑喜欢的事做，而对剩下来的"鸟事"说："喂，别跟我玩这一套！"一般上班族都懂得这个道理，明星艺人是大家的偶像，更要懂得"鸟事"也是工作的一部分。

霍建华出生于1979年，17岁出道。如果将时光倒回至24年前,那时,想当歌手的霍建华还在为节目主持人曾国城当助理,隐身于幕后,这个马步一蹲就是6年!直到霍建华23岁时,他为了争取一个唱电视剧片尾曲的机会,参演了第一部青春偶像剧《摘星》,却意外地与表演结缘,从此踏入演艺圈,一路走红至今。

假设这次狗仔队跟拍事件发生在24年前,即霍建华17岁时。当时的他名不见经传,没人认识他,没人对他有兴趣,但是他一心一意怀抱着歌手梦,想要出一张专辑,却一直与梦想擦肩而过。这时狗仔队发现他是一块璞玉,每天跟踪他,每天报道他,你觉得霍建华的心情会怎样?

3个字——乐坏了!

在错误的时间,做错误的期待

明星艺人在不红的时候,盼着能被狗仔队24小时跟踪,甚至还会制造假镜头或假新闻,丢一些"骨头"给狗仔队捡来曝光,但心思用尽,仍旧盼不来狗仔队。相反,当明星艺人红了之后,却要狗仔队滚得越远越好,可是湿手沾面糊,怎么都甩不开。

人为什么会痛苦？就像这样，总是在错误的时间，做错误的期待。相对的，"加害人"狗仔队开心吗？答案是并没有！

我有一位媒体朋友是狗仔队的一员，他的痛苦并不亚于明星艺人。他从新闻系毕业时，正好碰到媒体寒冬，找不到合适的工作。后来终于有一家杂志社录用他，让他跑娱乐新闻，美其名曰"专题组"，其实就是狗仔队。他之所以会被录取，不是因为他有新闻科系的学历背景，而是因为他年轻，可以24小时蹲点；还因为他个儿高，抢得到别人拍不到的画面；更因为他强壮，发生冲突时看起来足以唬人。

媒体主管说："如果不是因为你长得人高马大，我们可不爱用学新闻的人。理想过高，跑不出新闻！"

他做了两年多，终于承认自己跑不出新闻来。学校教的那一套专业原则深入他的骨髓，而狗仔队的SOP[①]里任何一项指令都严重违反这些原则，一箩筐"鸟事"让他反感难受。比如，在艺

---

① SOP（standard operating procedure）即标准作业程序，是指将某一事件的标准操作步骤和要求以统一的格式描述出来，用于指导和规范日常的工作。

人家门口跟上三天两夜，吃喝拉撒睡都在车上；艺人在夜店里狂欢时，冲进去"咔擦咔擦"地拍照；飙车跟踪，一路被甩，几次差点发生车祸……

"真是烦！这样追新闻，找一个流氓都比我做得好，何必念新闻系？"

换个角度，事情就会大不同

明星艺人觉得被狗仔队跟拍是令人讨厌的"鸟事"，其实狗仔队也觉得跟拍明星艺人很烦，谁也没有占到便宜。然而工作就是这样"鸟事"一堆，让人痛苦！

在公司里，"鸟事"更多！有人要轮值刷洗办公室的马桶，有人要伺候皇亲国戚，有人要听爱唠叨的主管说上一小时，有人要忍受客户的谩骂，有人要提防被合作厂商坑杀……太多太多，家家有本难念的经，越是外表风光，越是"鸟事"频发。不信，你去问一问鸿海集团的郭董，他不得不处理的"鸟事"一定更多，受的"鸟气"也不少！

那么，换个角度去面对，"鸟事"说不定会变成美事一桩。

想想看，霍建华如果转身走进超市，花20元多买一瓶饮料，走到街对面递给狗仔队喝，那新闻的内容将会完全不一样。

"暖男霍建华，人帅心更美，买饮料给蹲点24小时狗仔队，粉丝落泪……"

工作中，"鸟事"一直都存在，抱怨只会让别人认为自己无能、爱生气或气量狭小。也许将心比心，感受到对方的难处，就不会纠结于自己的"蓝瘦香菇"（网络用语，意为"难受、想哭"）。在态度上显出高度，在做法上显出智慧，各退一步自然海阔天空。

【采取行动】

面对工作中不得不做"鸟事"的委屈，你可以这么做——

工作就是"鸟事"一堆，不喜欢做的事比喜欢的多，有本事的人不会自觉委屈，而是采取行动。站在对方的立场发挥同理心，了解其难处，给予包容，提供协助，让敌人变朋友，令"鸟事"变美事。

想做事,也得会做人

社会上,当官的不见得是意见领袖;职场里,也有些人职位低,江湖地位却很高,不要得罪他们,否则会遭到排挤或冷遇。虎落平阳被犬欺,难免要怄气。其实,你不必这么委屈……

明星再大牌，也知道有两种人不能得罪：其一是摄影师，他们可以把身高185厘米的帅哥，拍成只有165厘米的矮个儿；其二是记者，他们会专门挑这样的照片刊登发表，不仅放大，还会加上标题与图说。经过网络的疯传，让全世界都以为你的身高只有165厘米。

在职场里，也有一些人身上挂着"不要惹我"的牌子。他们不见得凶神恶煞，却绝对是一号人物，在一些关键问题上掌握着生杀大权，立判生死。

所以，**新人一进办公室，第一件事就是要察言观色，判断每个人在这家公司里的江湖地位。请注意，不是职位，而是江湖地位。**

可惜的是，很多年轻人偏偏不信邪，以为做事比做人更重要，没有本事的人才需要花心思在做人上面；以为只要为组织好，没有得不得罪人的问题。殊不知，自己加不了薪、升不了职，就是卡在这个牛脾气上。

不起眼的小人物也可能是一流杀手

首先，万万得罪不起的第一号人物是老板，第二号人物是主管,第三号人物是老板的亲信或家臣。对于这些大咖,谁都知道要敬畏三分,比较不容易成为隐藏的地雷。最怕的是阎王好惹,小鬼难缠,因此找出难缠的"小鬼"非常重要。偏偏有些"小鬼"位居基层,外表和善,态度温良恭俭让,很容易被人轻慢忽视,低估了他们的杀伤力。

Kelly刚进入一家有20多年历史的公司工作,这里资深员工多,关系盘根错节,一时无法理清。除了默默观察之外,他本着与人为善的态度,对人客气有礼。刚一上任,Kelly就被分派接手一个项目,必须和另一个部门的基层主管Scott密切合作。在互动过程中,虽然Scott的职位比Kelly低,但是他始终挂着一张"扑克脸"(指面无表情,喜怒不形于色),说话还有些冲。Kelly不以为意,尽量配合他做事。当时正值中秋节,Kelly老家寄来50年老欉麻豆文旦(柚子),他与Scott和同事们分享。

事隔一年后,有一次老董事长向任总经理的儿子提到Kelly这个人时,说:"20多年来,我从没听过Scott称赞别人,Kelly是第一个,非常不简单!想必Kelly一定有过人之处,儿子你注意到了吗?"

这番询问辗转传到Kelly耳中，传话的人还细心地附加了解释："你不知道，Scott是公司的第一代员工，他和董事长一起打天下。全公司他只听董事长一个人的话，有时连总经理都会被呛回去。"

Kelly这才知道，Scott在公司里虽然职位不高，却是一号人物，江湖地位特殊，影响力不容小觑。

圈子很小，一个也得罪不起

Monica在美国拿到博士学位后，在一所大学任教。有一天，一位资深人员踩到她的地雷，一向坚守原则的Monica找对方理论，结果相持不下，二人不欢而散。就在Monica要祭出下一招——告到校务部门之前，系主任现身于她的办公室，送上一句话："你所在的圈子很小，而你的职业生涯很长。"

连自由派的美国学术界前辈都这么想，让Monica深感震撼，她决定暂时收手，休兵止战。10年过去了，Monica发现系主任的话符合实情，系里人员看似来来去去，却都是老面孔。这的确是个小圈子，谁都得罪不起。

后来，Monica回到台湾，担任企业人力资源主管，她发现了同样的情况：即使员工数千名的大企业，人员来来去去，但握有实权的一直是某些人，每隔一阵子从A公司跳到B公司，仍然处在一个小圈子里。

Monica在企业工作10年之后，她悟出了一个真理："一个人能不能成功，15％靠做事，85％靠做人，人际关系的处理至关重要。"

3种人得罪不起

博客作家青小鸟曾撰文指出，办公室里有3种人不能得罪。文章写得鞭辟入里，值得大家参考。

第一种是在公司穿居家拖鞋的人。可以把公司当成自己家，这种人绝对是骨灰级的资深人物，内功深不可测，往往掌握着公司运转的关键与窍门，拥有必杀秘技，轻轻吹口气，敌人就化为一摊水。

第二种是集体行动的人。他们一起团购、一起午餐、一起下班、假日一起带孩子去露营……得罪一个人，就会得罪一拨人。

第三种是"庶务二课"①的人。这类人包括老板的秘书、总机、前台接待、人事、行政、总务、财务和信息人员等，虽然薪水不高，却握有实权，可以压件、可以干扰你办事、可以让你见不到老板、可以不告诉你一些潜规则……总之，让你一件事情都处理不好，还看得到你的全部秘密。更可怕的是，他们是公司的信息来源，轻松传一句话，足以杀人于无形。

即使如此，仍然防不胜防，最后还是要回归到做人的基本道理。掌握以下3个原则，就不至于得罪人而不自知。

1. 眼力

初来乍到进入一个新环境，先不要发声或动作太大，而是静下来察言观色，心明眼亮，就不会被视为"白目"②。

---

① 日本的大型机构中，必有"庶务二课"这个部门，负责的工作非常广泛，甚至包括派发厕纸和更换灯管等工作，简单来说就是杂务部。
② 形容那些说话不留心眼，经常说出事实而伤害朋友的人。由于这种人经常会遭人白眼，所以称之为"白目"。

2. 心细

善解人意，体贴入微，这种用心特别容易让人感动，并且令人记得长久。

3. 嘴甜

人人都喜欢听好话，适时称赞别人，是迈向好人缘的第一步。

新人，新人，重新做人！进入一家新公司，别忙着做事抢功劳，先和大家建立良好的人际关系，把地雷扫干净，以后就好做事了。

【采取行动】

面对受制于复杂人际关系的委屈，你可以这么做——

职场里，总有一些"地下领袖"，他们的权力不小。有本事的人不会自觉委屈，而是采取行动，待人以诚，一视同仁，也懂得察言观色。在不违背正直与善良的前提下，改善人际关系，与之共处。

有些好，永远不会被感激

主管不是神，很多主管不像下属预期的那样能干有魄力，反而遇事懦弱，缺少担当。做他们的下属，有时会感到无助、被欺压，甚至还得全盘承受不公平的对待，令人无法忍受。其实，你不必这么委屈……

有位粉丝来信向我求助，说她有一个困扰，不知道该如何处理。其实困扰她的是职场中非常常见的问题，很多上班族都会碰到，尤其是刚进公司的新人或刚进入职场的社会新鲜人。

这位粉丝认为，她的主管在工作分配上劳逸不均，而她是工作量吃重的一方。她几次向主管反映，主管都说："对不起，委屈你了！"或"辛苦你了，让你常加班。"

吃亏是福，但总吃亏哪来的福

可是说归说，主管接下来并没有进一步的行动，似乎无心改善。粉丝认为自己该做的都做了，该说的都说了，接下来想不出任何办法，不知该如何应对。她怀疑再这样下去，总有一天自己会在办公室上演情绪大爆发。

她也曾向一些前辈请教这个问题的解决办法，大家都劝她要隐忍，并不断给她洗脑。

"吃苦当吃补，吃亏就是占便宜。"

"趁着年轻时多做多学，学到等于赚到。"

"要怀着感恩的心情，感谢主管的不合理磨炼，将来这些付出都会回报到自己身上。"

"能者多劳，这表示主管信赖你、重用你，愿意给你更多的机会学习。"

"10年后，你会感谢主管，发现他是你人生的大贵人。"

这些金玉良言虽然最终会被证明是经得起时间考验的真理，可是此时此刻卡在"公平正义"的坎儿上，没有人的心情能冷静得下来，没有人的耳朵能听得进道理。带着一肚子的委屈，实在无法心平气和地继续"被压榨"，更别提要将敌人视为贵人了。

想要主管改变，还不如自己改变

劳逸不均背后的原因有很多，但是如果问题长期存在，主管个性软弱不处理就是主要原因。这种主管不少，可是既然软弱，就不可能硬起来。

下属能做的就是让自己变得聪明有智慧，逆势而为，扭转局面。要知道，一个巴掌拍不响，主管之所以不敢公平地处理人与事，除了他的个性软弱之外，还因为你的个性软弱或不够聪明，才会促成这件事的发生。所以真正要改变的人是你，不要再当滥好人。

好人，要赢得他人的喜爱，更要赢得他人的尊敬！在所有形象中，最令人容易接受的形象是正直的好人，如果让大家认为你心中无私不为己，凡事为公司着想，追求公司的利益最大化，那你说的话才会让人觉得客观、中肯、可以信赖。

滥好人，通常是一开始受到不公平对待时，全盘说"是"，等到情绪累积到一个临界点，才崩溃地大喊"不"。这种前后不一致的行为，不会有助于其他同事回想过去你受到的种种非人待遇，而是莫名其妙，认为你的情绪管理不当，甚至和主管站在同一阵线，批评你配合度低、爱计较或挑工作等。

成为一个敢于说"不"的正直好人

正直的好人不一样，他们的言行前后如一，对于工作内容与工作量有清楚的认知；在合理之余保持着弹性，可以配合公司的需要，但是逾越一定的界线时会加以拒绝。态度前后一致，标准明确，划出一条底线，同事不会有莫衷一是的困扰，这是人际互动的一个重要原则。

不过，正直的好人不只要有一颗正直的心，还要有正直的形象，请掌握以下原则。

1. 请在公开场合表明态度

不要在私底下拒绝主管，因为个性软弱的主管只会私了，也就是会"欺负"好人，要配合度高的下属承担额外的工作，所以最合适的场合是在会议中提出。

2. 请顾及主管的威信

你的目的是发球给主管接，而不是打主管的脸。说话的态度与用词都要顾及主管的颜面，不着痕迹地丢出一个好球，最好能让主管觉得球是他发出来的，大家配合他接球。有几次良好的经验之后，主管就会学会公平地分配工作。

3. 请站在公司的立场发言

不仅要心平气和，还要让同事感受到一股凛然正气，知道你是真心为公司好。下面这些话，如果不习惯会觉得恶心，但是它们就是一些漂亮的场面话，身在职场一定要学会说，而且要说得顺口。

"这是公司的重要任务，我认为大家一起做，会比我个人负责更容易达到目标。"

"这件事可以为公司带来长远的利益，我很希望多做贡献，可是Alex在这方面更擅长，我们可以一起协助他完成。"

面对软弱的主管，生气不如争气，抱怨不如改变，而且改变的不是别人，是自己！这才是真正有信心、有能力的人，证明自己比主管更聪明且有智慧，最终受益的一定是自己。

【采取行动】

面对主管能力不足的委屈，你可以这么做——

主管再无能，也是主管，不要挑战他们的权威，有本事的人不会自觉委屈，而是采取行动。态度得体，说话合理，帮助主管做出正确决定，让他有面子，为自己尽力扭转不利局势。

请假也需要适应与学习

休假,不是法定的权利吗?可是连总经理都不敢休长假,甚至有人还以从未休过假而沾沾自喜。这下尴尬了,每年一次的岛外旅行去还是不去呢?其实,你不必这么委屈……

台湾人的奴性真的很重，我们一直不愿意承认自己是这样的人，可是在台湾地区劳动保障相关规定的修正过程中，蔡英文不小心打开了潘多拉的盒子，逼着大家不得不面对，这才恍然大悟："啊！原来多数台湾上班族竟然连特休假（带薪年假）都不敢休完、休满……"

　　这波改革过程中，蔡英文为劳工的休假定调，砍掉公众假期7天，转向放宽特休假①的限制。没想到各工会组织不但不领情，还举牌抗议，就连网络论坛（如PTT）也吵成一团，而原因出人意料。

　　"公众假期不必请假就可以休，休得理直气壮；特休假根本

---

① 台湾地区的休假分为4种：a公众假期，为法定假日，支全薪，若雇主要求员工上班，需多给一天薪资或补休一天；b例假，为法定假日，支全薪，除非遇到天灾或紧急突发事故，否则雇主不可要求员工上班，若违反可依法罚款2万～30万元，并支付员工额外一天薪水；c休假，雇主经员工同意可以要求其上班，但工作两小时需多支付1/3倍薪资，工作6小时则要多支付2/3倍薪资；d特休假，员工依年资拥有不同天数的特休，雇主不可以要求员工上班，若年度终结或契约终止未休完，雇主应支付薪水。

不敢请，给再多也没有用！"

离职前才能把特休假休完吗

过去，尤其到了年底，很多上班族手中都握着一大把特休假和补休未休。但是大家心里有数，到了12月31日，这些假期全部都作废，退回给公司。赶在年底前，员工能够尽快"消化"掉特休假的公司，以外资企业为主。至于本土企业，大家都是一片沉默，打算像往年一样乖乖缴回，免得影响公司对自己的印象观感，进而降低了年终绩效考核成绩，损失更大。

这出内心戏恐怕是蔡英文始料未及的。当时她认为，纷纷扰扰的公众假期该休几天不是问题的核心，特休假才是改革的关键。理论上来说的确没错，但是也看得出她并不了解员工内心的纠结。

根据yes123求职网于2015年11月所做的调查，虽然临近年底，只有1/6的上班族休完了特休假，逾半数人休过但还没休完，有30%的上班族一天也没休过；总之，有超过80%的上班族当时有年假待消化。其中原因包括：25%的人认为老板或主管不喜欢员工休假，有20%的人则担心休假会影响年终绩效考核，所以不敢安排休假。

一般来说，员工对特休假的认定是用来休长假的，如岛外旅行或做整形手术等。调查结果表明：上班族希望一次可以平均休9.4天；不过真正休假时，会自动缩减至4.8天，若扣除周末两天（还不算连续假期），一次平均最多只会请2.8天的特休假。而老板能接受的天数是多少？只有5.1天！因此，胆小的人就用特休假来抵迟到或生病用，不敢休长假。

"我只有一次休完、休满特休假的时候，那就是离职前。"在网络论坛里，有人说出了自己的心声，获得不少认同，网友们纷纷表示："我也一样！"

总经理是全公司最没胆子的那个人

把这种奴性发挥到极致的，并不是年轻下属（因为流动率太高，特休假少到不足挂齿），反而是高高在上的总经理，上行下效，塑造出台湾特有的职场文化。

那一年，Brenda换工作，按照相关规定，工作未满一年者没有特休假，可是公司还不错，按照比例给了4天。她心想："啊，完全没想到，真是捡到了便宜。"在一丝温暖缓缓流过心头的当下，她很快就意识到自己高兴得早了一点，因为这个特休假可能是看得到，却吃不到。

Brenda经常陪总经理宴请客户，有一次对方是总经理的多年球友，交情匪浅，一杯红酒下肚后，很多肺腑之言流露出来，结果她听到总经理颇有感慨地说："太太和孩子都吵着要去欧洲，我说不行，因为行程都是12天以上，休太多天，不敢跟老板提啊！最后决定去日本，5天来回，天数刚刚好。"

"你是总经理都不敢请假，手下的人怎么敢请假？"

"就是因为我是总经理，才不敢请假啊！"

职位越高，越怕休假回来后没位子

同仁私底下都谣传总经理的年薪在600万元以上，可是10年来，Brenda只听说他陪孩子与太太去过日本和新加坡，每次用特休假不超过5天。

总经理并没有因此就对下属有较多的体谅与理解，反而摆出多年媳妇熬成婆的姿态。刚满一年时，Brenda有7天特休假，正好碰上连假，兴冲冲地计划去欧洲旅游，行程11天，却被驳回，原因是"没有人一次请11天假的，更不用说新人了，太不自爱了！"

"可是，我并没有请假！这些都是该休的假，特休7天加连假3天，再加一个星期日，正好11天。"

听Brenda一一细数，总经理烦了，不禁脱口而出一番属于组织上层的心里话："特休假？它只是摆着好看的，没有人把它当真，你真是职场新人！"

这个费尽口舌争取休假的过程，让当时28岁的Brenda心生抱怨："明明是公司欠我特休假，怎么弄得好像我欠公司似的？"可是10年过后，Brenda升迁为中级主管，她发现自己的心态也随之变化了。她越来越不敢休长假，于是得出一个心得："台湾人有休假恐惧症，职位越高越严重，害怕被老板发现自己其实没那么重要，休假一回来，位子不见了。"

宁愿当小狗，也不要当大象

除了担心老板不开心之外，中高级主管忧虑的其实是自己有被取代的危机。这种心结,不只存在于一般职场,在演艺圈中更是常见。

有一次,与我同台演讲的是一位演员兼节目主持人,她告诉我,她出道16年,未曾请过一天假,即使病倒了,也是挂着点滴瓶工作;就算前一天录像到凌晨4点,她只睡两小时,仍然准时出现在清晨6点的通告现场。起初我以为她是意志力惊人,后来看到艺人六月的新闻——她生产后想回到原主持岗位,却被告知请继续休息——我这才恍然大悟,年近40岁的她背后应该还有一层深深的隐忧,担心女主角换别人做,麦克风换别人拿。

无论是哪种原因,**死抱着7天公众假期不放,对于特休假不屑一顾,反映出的是台湾职场深层的悲哀,那就是奴性。**

一般员工就像马戏团里的小象,从小被一条绳子拴着(这条绳子可以是一些不成文的组织气氛与企业文化),直至长成大象,仍然不敢挣脱细小的绳子,只会待在房间里一动不动。可是老板对于大象这个庞然大物却视而不见,只会注意到在不同房间跑来跑去的小狗。活动,活动,会动才会活!当一只会请特休假的小狗,经常来来去去,这样比不请特休假的大象更有生命力,也动得出未来的潜力。

从今天开始，请记得你已经长成大象了，底线由你来决定，别再受困于这条受到诅咒的"特休假绳子"。今年请5天假，明年请7天假，后年请10天假，逐渐增加天数，你就会发现马戏团的老板也会学习，并且逐渐习惯与适应。

【采取行动】

面对不敢请假的委屈，你可以这么做——

不敢休长假是企业的普遍文化，有本事的人不会自觉委屈，而是采取行动，创造自己不可取代的价值，并且懂得循序渐进，从短天数逐渐增加，让主管与同事慢慢适应。

过度服务只会害死你

主管是老大，客户则最大！当他们的无理要求或拖延等坏习惯已经严重影响到你的生活作息，令你没有自己的时间，没有生活质量时，你还要敢怒而不敢言吗？其实，你不必这么委屈……

"我不干了,再做下去,会被这些被惯坏的客户给玩死!有钱就是大爷吗?"我的朋友Julie被客户折腾得精疲力竭后,觉得自己所做的工作毫无意义可言,提出辞职,并撂下以上这段话。

客户给钱就最大吗

Julie在公关公司任职,负责购买广告。有一天她请假,想带爸爸上午看病,下午做康复治疗,因此早早跟客户告假。前一天还工作到晚上12点,一切安排妥当才下班回家。可是第二天出门前,客户在线通知她,老板要修改广告排期,3天后上档,必须紧急处理,否则来不及。面对预算数千万元的大客户,Julie只能将中风的爸爸交给行动不便的妈妈带去看病,自己则留在家里改方案。

和客户来来回回沟通,直到晚上8点全部敲定,也请对方老板确认过,Julie终于松了一口气。但不到一小时,对方却再度来电推翻方案,居然是维持原方案!Julie不禁抓狂,气得把手机直接从13楼摔了下去。

闹剧终于结束了,从客户公司、Julie公司到各家电视台,牵动几十人绷紧神经14小时,结果却是通通白做!可是父母不谅解,骂她是工作狂、不孝顺，害得Julie情绪崩溃，第二天就递交辞呈，不想再陪被惯坏的客户继续"玩"下去，害怕有一天会被"玩"死！

她说，自己非常喜欢这份工作，也努力做到专业，但是"没办法忍受客户无穷无尽地剥削，总是为了一些看不到也没人在意的细节，要求我们做到死为止，冷血到令人心寒！"

像Julie这样的上班族多得是！每天被工作追着跑，没有父母，没有朋友，没有人生，主管还不断要求他们提高工作效率。于是大家想尽办法加快手脚，在最短的时间内完成工作，以为这样就可以准时下班。结果不然，工作丝毫不减，还越来越多。到底那里出错了？

养过仓鼠吗？答案就在其中！

更快完成，只会让更多的工作落到头上

心理正常的饲养者通常不会只满足于看仓鼠卖萌，大呼可爱而已，他们还会买玩具玩仓鼠，最常见的就是跑轮。一开始，爬上跑轮的仓鼠会摇摇晃晃站不稳，慢慢地越跑越顺，饲养者会不自觉地产生一种为人父母的成就感，"哇，会跑了，好棒啊！"

不过，会跑是不够的，饲养者很快就不满足了，唯有仓鼠越跑越快，饲养者才会再度兴奋起来，像运动场边按着码表的教练，催促着有潜力的选手百尺竿头更进一步，追求极限。

"好棒，再跑快一点，马上就给你好吃的！"

当仓鼠们累了，有力气的会自己跳下跑轮；力气用尽的就趴在跑轮上不动，然后"砰"的一声被摔下来，跌落在笼底。证实是过劳死之后，饲养者当然会伤心，一瞬间人性的光辉闪过，自责一下子，然而转头之后，这段不痛不痒的悲伤很快就被遗忘了。

是不是熟悉到鸡皮疙瘩掉满地？没错，**仓鼠的跑轮人生，正是你我的职场写照**。那些仓鼠教会我们的事，就是不断加快速度的结果只会让更多的工作落到自己头上，逼得我们非跑得更快不可，陷入高效率的无限循环里，最后变成劳逸不均的受害方，情绪更糟，日子更难过！

因此，改善工作效率，不是跑得更快，而是揪出谁送来的跑轮——他们就是被惯坏的客户！被惯坏的客户看起来一点也不像冷血杀手，反倒像在一旁拍手叫好的热血教练，要你这边多做一点，那边多做一点，因为这样可以让工作完成得更好！问题是，多数时候，这些所谓更好的部分肉眼根本看不出来，但是他们坚持魔鬼藏在细节里。

一例一休，吓得客户学乖了

最近与Julie碰面，她变了，不只神情从容，姿态优雅，而且气色红润，露出难得的笑容。我以为她谈恋爱了，没想到她说："感谢一例一休[①]救了公关业，也把我从地狱里救了出来！"

怎么会？自从一例一休出台，骂声连连。南投县长为了拯救中部观光业，还喊出不配合一例一休的推行实施，甚至扬言："只要不被关就好！"这是我第一次听到有人称赞一例一休，究竟发生了什么事，我也很好奇。

Julie说，这次一例一休出台，媒体连篇累牍地大肆报道，让劳工清醒地认识到，责任制是不对的，加班要有加班费，至少1.3

---

① 一例一休是指每周休息两天，其中一天为例假，雇主不能要求劳动者上班（特殊情况除外，但需要事后补休），即使发加班费也不行；另一天为休假，在劳动者和雇主双方同意的基础上，劳动者可以加班，不必事后补偿假期，但需要发加班费。

倍，碰到假日则是两倍以上。加上相关部门检查频繁，风声鹤唳，企业无不紧张，要求员工准时下班，以免增加成本。当客户要求赶项目或修改方案时，老板就会把增加的人事费用算到客户头上，有的客户会照付，有的会维持原方案以免多花钱。怎么形容呢？就是比以前"乖"多了！

"我现在领到的薪水比以前多，工作的时间却比以前少，当然开心啊！"

3招对付"效率小偷"

实施一例一休，看来是几家欢乐几家愁。追求高度专业的白领上班族，有可能是第一批先蒙其利的幸运者。至于"谁偷走了工作效率"这件事，一定要全面觉醒。**过去我们会督促自己，努力加快速度；但是极有可能是别人偷走了我们的效率，还回过头骂我们效率低**。面对工作效率低落，以下是3点建议。

1. 揪出"效率小偷"

这类人不外乎有3种：无能的主管、低能的同事，以及超级挑剔的客户。

2. 关上"效率后门"

别人之所以会偷走效率，是因为我们忘记关紧后门。例如，疏忽检查与确认，才会让对方有机会改来改去，浪费时间。

3. 祭出一例一休

只要推说"一例一休之后，加班都要算加班费，否则会遭到员工检举，罚更多钱"，通常对方会自动收手，不再无止境地要求下去。

被主管责骂工作效率低时，自我反省一定要有，但也别忘记检讨别人，有可能是错在客户。客户虽然最大，但是不能被惯坏，要适时给予他们学习及改进的空间。

【采取行动】

面对不合理付出的委屈，你可以这么做——

工作中有不少"效率小偷"，有本事的人不会自觉委屈，一味加班，而是采取行动。紧守底线，态度委婉坚定，用一个好理由向对方说不，让他们心服口服的同时，学会自我负责。

CHAPTER 03

不安不过是
人生的一部分

　　承认吧，人的一生就是在不安中度过的，它并非不知何时会来，而是一直都属于我们生活的一部分。尤其是30岁以后，不时遇到人生重大转折与抉择，不安更是平常。我们要做的，就是弄明白不安的原因，增进自己的价值，不安自然就会消散。

焦虑可以是一种动力

我们一直有一种很深的焦虑,害怕一事无成,害怕被同侪远远甩在后面,老是觉得自己的表现不如预期,对不起自己,压力大到无法承受。其实,你不必这么委屈……

过了而立之年，年纪变成了焦虑的来源，一直累积到35岁，便会整个大爆炸，有一种天就要塌下来、世界就要毁灭的恐慌。

34岁的同事Alex想要离职去创业，询问我的意见。他在美国获得了两所大学的硕士学位，作为美国企业最欢迎的前十位毕业生的第二名，他在公司里担任主管，想法新颖，认真踏实，表现优异。即便如此，面对即将来临的35岁，Alex仍然惶惑不安。

"已经35岁了，没有自己的事业，没有自己的房子，没有自己的家庭，再继续给别人打工，这些事大概永远完成不了。"

他谈起自己的爸妈携手创业有成，从事南美洲贸易。爸妈认为Alex的外语佳、能力强，当上班族没有出息，至今连房子都买不起，应该早日接管家族事业。

他之所以犹豫，是因为现在的工作既是所学又是所爱，难以割舍。可是35岁好像不是谈理想和做梦的年纪，应该理性面对未来的现实人生，如成家立业和购房置产等，但现在的工作无法完成这些社会的世俗目标。

认真评估Alex的各项条件后，我鼓励他给自己3年时间去创业。因为35岁已有约10年的工作资历，人格和能力都堪称成熟，想法与行动则还保持着活力与冲劲，是非常适合创业的年纪。

"可是万一失败了，再回头做上班族，已经人到中年，会不会没有工作机会了？" Alex无法掩饰自己对即将迈向40岁的忧虑。

我坚定地告诉他，3年后，他不过38岁，依照他的学历与经历条件，这个年纪求职仍有机会。结果，他就在35岁生日那天递上辞呈，创业去了！

是后青年危机，还是前中年危机

这代人是晚熟的一代，因为求学时间拉长，社会化晚，成熟得也慢。重要的人生大事一件件向后拖延，到了35岁，职业生涯的时钟闹铃突然响起，有如在寒冬里硬生生地把还在被窝里睡大觉的你拖起来，当头浇下一盆冷水，不清醒也难。

在35岁的后青年中，多数人还在摸索人生方向，还未确定从事的职业，还没有决定是否要创业，还不敢想要不要结婚，还在考虑是住在爸妈家还是买房子，还在犹豫要不要回家乡工作……所有情况都处于不稳定和不确定的状态中。可是已经35岁了，没有人会把自己再当年轻人看待，而是认为快到中年了，应该拿定主意，亮出成绩。社会期待越来越深切与急迫，于是"后青年危机"便产生了。

"都已经35岁了，一事无成，真是令人着急！"

可是当"后青年危机"还无法解决时，"前中年危机"已悄然而至。

中年危机一般会出现在40~45岁这个阶段，但是现在35岁这一代却已经提前感受到。随着经济循环快速、产业更迭频繁，中层中薪的工作岗位日渐减少，中年失业人口大增。眼见只比自己年长几岁的前辈们职业生涯已经开始走下坡路——放无薪假、裁员资遣、优离优退、降级减薪……人生刚起步10年的35岁一代不禁惊出一身冷汗，感受到"前中年危机"的庞大阴影一天天逼近，心里想："下一个不就轮到我了吗？"

有危机感才不会堕落

"后青年危机"和"前中年危机"正好在35岁出现死亡交叉，两股压力同时袭来，令人难以承受，于是出现"35岁危机"的新现象。35岁梦魇，究竟是午夜梦回，一场空梦，还是日有所思，夜有所想的真实存在？

在就业市场上，无论台湾还是大陆，35岁危机的确真实存在。一般职缺和基层主管的职位普遍锁定在35岁以下，迈过35岁便出现工作机会变少的趋势。可是这种招募文化也会出现特例，并非绝对奉行不悖。

实力依然是就业市场的不二保证，拥有关键性技能或管理经验者，在35岁时仍然炙手可热，时间是他们的好朋友，年纪代表的是资历。但对于技能普通且实力平平的人，时间是他们的敌人，年纪代表的是包袱，35岁是一个难挨的关卡。

不过，警铃大作并非从35岁开始，早在5年前，30岁时已经让人惊醒过一次。"三十而立"的人生规划观念深深地烙印在一般人的脑海里。自30岁之后，每5年就会警铃大作一次，35岁是第二次，未来40岁、45岁、50岁时都会响得震天。

这是一件好事，就像老人家每逢5年或10年做一次大寿一样，上班族也要每5年或10年给自己来一次冰桶灌顶。始终对未来存有强烈的危机意识，保持清醒状态，勇敢面对日益剧烈的职业生涯起伏。

至于35岁是双危机夹杀的年纪，只不过是社会统计在设定年龄层上的一个巧合罢了，一点都不必过虑。"青年危机"指的是20~30岁，因为现代人晚熟，有延后至35岁之势，出现"后青年危机"；"中年危机"指的是40~50岁，因为职业生涯不安定，让人在35岁就感受到山雨欲来风满楼的紧张，因而出现"前中年危机"。

别再被这些名词吓着了，重要的是累积实力，让年龄变成优势，做好准备，让危机变成再上一层楼的转机。

【采取行动】

面对年龄压力的委屈，你可以这么做——

这是一个晚熟的世代，但是也不必视为理所当然，索性放慢步调度过人生。有本事的人不会自觉委屈，而是采取行动，每天不间断地累积看似不起眼的小小成就，直到关键年纪堆砌出一个大大的里程碑，活出精彩人生。

请理解,没有人必须对你好

　　每个人拿到的人生剧本都不相同,有些人的苦难上演得早,年纪轻轻就尝尽世间冷暖,身心疲惫,怀疑此生是来受惩罚的,上天把他遗忘在角落里。其实,你不必这么委屈……

"被开除的那天,我有一种感觉,就是这辈子的福气在30岁之前全部用完了……"

我的朋友Oliver是一家公司的副总经理,位高权重,年薪200万元。看着他满面春风、走路有风的模样,极难想象10年前他曾经在职场上重重地摔过一跤。30岁生日的前一个月,他犯了一个事关品格与诚信的错误,因而被公司无情地开除,公司对他永远地关上大门。当时这件事传遍业界,不只让Oliver抬不起头来,也令他走投无路,求职到处碰壁,没有一家公司要用他。

福气是在不自觉时用完的

Oliver是少年得志的典型。他退伍后进入一家新创公司,因缘际会赶上一波新的潮流,他跟着公司一路起飞,从小策划做到营销主管。可是同时他也患上了"大头症"[①],逢人就说公司能有今天的发展,一半是靠他的创意营销与媒体造势,再加上其他同事眼红,暗地里流言四起,让老板深感功高震主的威胁,不仅对他

---

① 民间俗语,形容一个人稍有成就便目中无人,喜欢过度炫耀。

心生忌惮，而且与他渐行渐远。但是Oliver浑然未觉杀机已种下，并未低调收敛，仍然抢在镁光灯前面，甚至还在外面投资了一家设计公司。

有一年中秋节，公司要送客户一份特别的礼物，他找来自己投资的设计公司提供了免费设计，自认为帮公司省下了一笔设计费，没想到却栽了跟斗。因为这份礼物上印着一行字"设计／某某公司"，他就被公司以公器私用为理由开除了。

我们都懂，欲加之罪，何患无辞？事情其实也可以不必这样解读，问题是当时全公司没有人站出来帮Oliver仗义执言，大家私底下早就对他恨得牙痒痒，终于有机会可以把他拉下马，哪有手软的？恨不能马上再往井里多丢几块石头。

"嚣张没有落魄久！"他离开之后，这是同事间最常拿来互勉的一句话。

福气扑满帮他走过落魄的日子

落魄过、颓废过，曾经有一种被世界遗弃的绝望与孤独，连减薪和降职都求不到一个工作机会，Oliver在家待业长达9个月之久。2017年,在他被开除10周年纪念日,Oliver邀请我们几个好友到家里小酌聚聚,趁着酒酣耳热之际,大家起哄闹着要他坦白从宽,老老实实交代这10年的感想心得。

结果Oliver端出一个饼干盒子,告诉我们他所有的感想心得都放在里面了。好友们立时傻眼,这不过就是一个寻常的饼干盒子嘛,怎能装得下10年的恩怨情仇?

盒子一打开,里面尽是五颜六色的小纸条,飘出几张落在地上。我捡起来读,心里充满了不舍与心疼,上面写的都是一些要费尽心神与力气才做得好的事。例如,帮公司找到一家从未交易过的大客户、给下属办一个难忘的生日派对、与曾在自己背后捅一刀的对手和解……显然这10年他是充满自律、自省地度过每一天,没有一天是踩在软软的云端虚度的。

"这些纸条是我的幸运签,都放进这个福气扑满[①]里。"

每天晚上睡觉前,Oliver会努力回想一天的所作所为。如果做到一件会带来福气的好事,他就写一个幸运签丢进去;相反,如

[①] 扑满是我国古代储钱的一种盛具,相当于现代人使用的储蓄罐。

果有一件事会折损福气，他就会拿掉一个幸运签。每天就这样加加减减地过日子，高度自省与自律，难怪他可以从谷底翻身，夺回荣耀的光环。

"30岁之后，我才知道人的福气是会用完的，不能坐吃山空，要开始种一方福田，于是我展开了培福的新人生。"

回顾前尘往事，Oliver说，他很感谢在30岁前夕被开除，让他整个人完全清醒过来，知道需要珍惜福气。否则他会一直自以为是，任性且无感地走过后来的10年，把自己的未来和前途全部葬送掉。

在新人期，你会拥有满满的福气

30岁之前，你还年轻，大家当你是菜鸟，对你多有包容，给予特殊待遇，允许你有犯错的空间，事后还会帮你加油打气，甚至安慰你说："没关系，你还年轻，多得是机会，我们再来一遍。"

是的，这段摸索学习却跌跌撞撞的日子，你因为粗心而出错，因为不听话而吃亏，因为率真而得罪人，大家都会心甘情愿地陪你走过，会让人误以为这一切都是理所当然且应该享有的，却没想到这是需要珍惜与感谢的。直到有一天清晨醒来时，现实世界突然变了，这些好人换上另一张脸，不再对你和颜悦色、轻声细语，也不再帮你敲锣打鼓、鼓励加油——只不过因为你已经30岁了。

30岁福气就用完了，退休年限却一直向后延长，这一代极有可能会延至70岁。进入职场才六七年，福气就用完了，面对未来漫长的40年，恐怕只剩下力气可以用。**一个人光靠力气在职场打拼，不只是气弱难以持久，职业生涯也会变得费力与折磨。事倍功半，劳多获少，让人沮丧郁闷。**

靠福气做事最省力

"人不轻狂枉少年"这句话适用于校园，不适用于职场；**适用于30岁以前，不适用于30岁以后**。无论你怎么解释你的态度，是率真也好，是任性也好，是有原则也好，是不妥协也好，是有主张也好，是有态度也好……这些你自以为独特的个性，都请在毕业后留在学校吧，到了职场，它们只会快速折损你的福气。

钱不花不算是钱，钱不赚也会令人生举步维艰。同样，福气是一个扑满,要舍得花才叫福气;但是也要懂得珍惜并省着用,这叫惜福。如果可以兼得的话,两件事都要做,福气要用也要存,做到培福。

福气是人生里的一阵顺风,靠福气做事,就是顺着风走,职业发展会省力;不靠福气做事,就是逆着风走,职业发展会费力。聪明的你,想要选哪一样?

【采取行动】

面对工作受挫的委屈,你可以这么做——

每个挫折都有它的意义,未来会给你一个答案。面对挫折,有本事的人不会自觉委屈,而是采取行动,充满自信,面对难关,去接受、学习并克服,然后变得越来越强大。

接受自己，才会找到快乐的自己

从小不断考试，长大之后，我们还在给自己打分，继续和别人比较，做不到100分就不满意，一心一意要在方方面面都拿满分。其实，你不必这么委屈……

我的同学离开外资企业后，做了8年猎头顾问，主要帮大企业做中高级主管的猎才，常常需要花时间密室会谈，了解被相中的人才对职业发展的规划与期待。他们都是社会的顶尖精英，职衔漂亮，薪资优渥，全世界飞来飞去，人生过得精彩绝伦。不过我仍然不信邪，心想他们一定有美中不足之处，于是询问我的同学他们最普遍的缺点是什么，竟然得到下面的答案：

"不了解自己！不接受自己！"我的同学说："因为自我觉察力不够，他们总是给自己设定了一个错误的期待，而这就是郁闷的开始。"

对此我有深切的感受，因为最近我有一位客户就是如此，我花了一些时间和力气才让他觉得不那么郁闷。

当后浪开始打过来

这位客户在一家高科技企业工作，公司对全体员工进行了一项性格测验。他的测试结果显示：团队合作达95分，独立作业只有62分。他非常难以接受，觉得自己在独立作业这方面怎么可能短板？这不就表示他自己没有能力，绩效表现全靠下属帮衬吗？

"我是做业务出身,15年前一个人单枪匹马,上山下海,拿过很多大项目,怎么可能没有独立作业的能力?"

性格其实没有优劣高下之分,一个人的性格如果在某一方面能拿到高分,在其互补领域也许就会得分较低。例如,创意能力强,则在细心度方面可能就会弱下来。这个结果显示一个人的性格是一体两面,拿到的分数有高有低,说明比较"正常"。想想看,如果一个人的性格在各项互补领域都能拿到高分,是非常可怕的事,因为他很有可能人格分裂、精神衰弱。

可是我们从小在各种考试中成长,被要求每科都要拿到高分,所以即使进行性格测验,一般人仍然很难从分数的阴影中走出来。尤其是具有竞争性格的高级主管,当看到自己有些分数不高或低于下属时,特别难以接受,第一直觉通常是认为测验不准。

不愿意接受这样的自己

于是我告诉他,15年前他做业务时,如果团队合作的性格高过于独立作业,那么他铁定无法胜任,也爬不到目前的高位。可是今天他是一位高级主管,领导数十名下属,讲究的是沟通协调、动员调度及整合资源，必须靠众志成城。所以团队合作拿高分，代表他转型成功，也表示他目前胜任愉快。

后来经我了解，这位主管个性好强，力争上游，在每个领域都要胜出，而且进退得体；在言行上也绝对不失分寸，力求完美。因此当他发现自己的性格测验有些项目得分不理想时，那种排斥感可想而知。

测验的目的是为了了解自己，很多人拿到结果分析报告后的第一反应是"不准"。其实并不是不准，而是无法接受这样的自己。

在我们的价值判断里，性格有好坏高下之分，认为有些性格会让人成功，有些会让人走向失败。所以我们极力去扭曲自己的性格，装得很像被主流价值欣赏的人，可是我们并不快乐。老实说，多半也装得不好，最后也没有获得预期的成功。

我也曾经排斥真正的自己，过得郁闷不快乐。

┃ 性格没有缺点，它只是镜子没照到的另一面

从小我就不爱说话，很多场合都令我紧张，不知道该说什么

好。考上台湾政治大学新闻系后更惨，全班都是积极求表现、一个劲儿说不停的活跃分子。和他们相比，我浑身上下散发出"土"与"呆"的气场，于是自卑地缩回到角落里，安安静静地过完大学4年。

毕业后，我进入两大报（台湾《联合报》与《自由时报》）工作，那时能进两大报的都是校园的风云人物，办校刊、搞活动、选会长……无一不来，因此我嘴拙的缺点被再度放大。同事聚会时，要特别点名让我发言，否则他们会发现我可以整晚处于静音状态。

无论是大学还是职场，我周围都是很会说话的人。我觉得他们好棒，在任何场合都可以自然地发言，自在地表现自己。而坊间也不断推出新书，教你说话，让自己更成功，让别人更喜欢你。那时，我真的觉得自己这辈子注定失败了！

当你的眼里只看到别人的优点时，会忘了自己也有优点。我不会说，但是很会写。自2015年年底，我开始定位自己是作家，努力写文章之后，我发现用写作表达更流畅。我终于可以接受嘴拙的本性，不再扭曲性格迎合这个世界，心里踏实多了。至于说话这件事，就交给会说话的人来说，他们会说得比我好，而我只要单纯享受写作的快乐。

了解自己之后，更要接受自己。**上帝让一个人的性格在某些领域是强项，互补领域也许就是弱项，这样人生才会获得平衡，也才会出现一个焦点，让你专注努力，最终才能有所成就。**享受你那与生俱来的强项，也接受你那别无分号的弱项，不要连性格这件事也要每一项都拿高分，饶了自己吧！

【采取行动】

面对承认自己不完美的委屈，你可以这么做——

人生不是用来追求完美，而是追求更美好。面对自己的不完美，有本事的人不会自觉委屈，而是采取行动，把最大的力气放在突显自己的优势上，而不是用在改善弱项上，形成差异化，展现个人独特且吸睛的亮点。

梦想属于自己，与工作无关

从小我们以为，只要认真工作，就可以实现梦想。长大后才发现，工作中没有梦想；如果有，也是老板的梦想，不是我们的。于是觉得人生好苦闷，自己是个失败者。其实，你不必这么委屈……

一出生，Miranda就是人生胜利组！她出生在社会上层家庭，爸爸是医师，闲来会拉小提琴自娱。而她毕业于台湾大学，高挑美丽、时髦洋派，爱旅行，也懂得享受人生。Miranda做了10年空姐，等玩够了一退下来，马上被全球知名的顶尖精品品牌高薪礼聘，担任品牌经理，台湾与大陆两边跑，又是一个风光的10年！

前面20年，Miranda的职业生涯不只是一帆风顺，和一般人相比，简直是丰富精彩，淋漓尽致，好不畅快！

当工作中找不到梦想与灵魂时

谁知道，3年前黑夜无声无息地到来，倏地将Miranda整个人笼罩住。她再也找不到任何工作，这时她才发现到自己是一个多么喜欢工作的人。一旦失去工作，让她顿失依附，找不到自我与立足点。

"以前，随时手上都有两三个工作机会等着我点头，职位高、薪水高。现在，却是3年也找不到一份理想的工作。"

很多人过了45岁，都会有相同的体会：找工作突然变得极端困难。这个阶段经验正丰富，人格正成熟，一夜之间却被社会抛弃，不再被需要。有一阵子，Miranda陷入深深的自我怀疑之中。

"我有这么不中用吗？为什么别人看不见我的能力？"

为了不要因此缩在家里，她接受朋友的邀请，一星期有两天到二手服饰店当店员。环顾店里，大小品牌都有，货品堆放得又挤又乱，连空调都不舍得开。顾客大多是住在附近的中年妇女，偶尔路过时进店逛逛，问一些无关紧要的问题。谁都看得出来，Miranda的气质与涵养和这家店是多么不协调。

"我常常觉得，人在店里，灵魂却不在。"

起码要把饭碗捧稳

这是条件高的人都会有的心境！追求自我实现与筑梦踏实，企图在工作里找到梦想，以为职场是灵魂的落脚处，觉得"灵肉合一"才是理想的工作。可是事与愿违，即使曾经看似可以在工作中圆梦，时间久了，也会不知从何时开始变了调，离自己期待的梦想越来越远，心中再也掀不起一丝悸动。

有些年轻人满怀高昂斗志、满腔热血，在职场工作了5～10年，才发现多数工作就是一份工作而已，根本找不到梦想，无法给灵魂一个归宿。

这样的失落感可想而知，让人不免开始自我质疑，是我不够努力去寻找理想的工作，还是我必须改变自己的梦想？

以上都不是！请停止自我否定，认清一个现实：**多数工作说穿了就是一个饭碗，根本无法容纳梦想；就算有梦想，也是老板的梦想，和自己一点关系都没有。**这是事实，并非费尽千辛万苦、寻寻觅觅可以改变的。

那么，请从云端走下来，进入人间，正视工作最重要的本质之一——它就是饭碗，让人经济独立、自给自足的一个依靠。这一步先站稳，填饱肚子再谈其他也不迟。如果连这一点都无法满足，生活不下去，拖累别人，谈其他的都是多余——包括不存在自我的自我实现，以及八字没一撇的梦想。

不妨把工作当成一个灵肉分离的修道场，一旦念头这么转，心中踏实，不再虚无缥缈，也就不会再自寻烦恼。

漫画家，居然从陪酒做起

我从图书馆借了一部电影《东京逐梦物语》，它是日本漫画家西园理惠子的自传式电影，讲述了她来到东京就读美术大学，以及努力成为画家的过程。其中，最让我震撼的是她在大学的打工生涯是当陪酒小姐。

继父失踪后，西园理惠子失去了家庭的资助，一个人在物价昂贵的东京生活，必须靠自己。面对活下去的生存底线，她无法唱高调、谈理想，只能采取灵肉分离的策略——白天上课，晚上陪酒，夜里回到住处再不断地画呀画，投入创作，奔向梦想。

可是西园理惠子画得很烂，每个人都笑她毫无天分可言。她四处投稿，却遇到不断退稿与不留情面的嘲笑。即使如此，西园理惠子仍然不改其志，坚持要当插画家。后来有一家色情杂志的老板看她可怜，施舍给她一份工作，居然是请她画性爱的画面。西园理惠子硬着头皮接下来，以此作为起点，跨出职业漫画家的第一步。最后她虽然不是靠绘画天分崛起，而是靠无厘头①好笑走出一片天，但也成功到必须请财务专家来帮忙节税的程度。

---

① 无厘头原是广东等地的俗语，意思是一个人做事、说话都令人难以理解，无中心，其语言和行为没有明确目的，粗俗随意，乱发牢骚，但并非没有道理。

撞墙期，请耐心等待

无论年轻人还是中年人，无论工作的时间长短，有些人难免会遇到撞墙期。《易经》认为，每个人一生都会走到空亡期，有如坠入迷雾一般，伸手不见五指，更不要说看清前方的道路。身旁的亲友们会着急地一个劲儿摇头说："真是看不懂他在干什么！"而自己就算铆足了劲努力奋斗，结果还是求职不顺或找不到理想的工作。

所以在遇到仿佛鬼打墙般的迷茫阶段，不要谈梦想、不要寻找灵魂，因为不会有的！还不如学一学西园理惠子的灵肉分离策略，别在工作中追求自我实现（当然，陪酒是不妥的），而是在下班后追寻梦想。也就是说，既让需要吃喝的肉体有个安顿，同时又继续为自己的梦想而努力。两边都做着，都不放弃，当云雾散开，透出阳光时，生活自然会出现一条明确的道路，如同指引着西园理惠子走向画画，成为当红漫画家那样。

若在工作中可以自我实现、追寻梦想，是人生的最佳境界；若无法兼得时，就在工作之外寻找。不要把工作当成人生的全部寄托，更不要打算在工作中获得完整的满足，饶过自己，也饶过工作吧！

【采取行动】

面对工作不符合梦想的委屈，你可以这么做——

工作不是人生的全部，不要把全部希望寄托在工作上，有本事的人不会自觉委屈，而是采取行动。动手切割，把工作与梦想一分为二，工作是饭碗，再另外追寻梦想，人生平衡而快乐。

学位不是职业生涯危机的解药

现在,每个人的学历越来越高,遭遇职业生涯瓶颈时,就以为是学历不如人,可是事实证明,多念的一纸文凭还是无效,心里更加茫然慌乱。其实,你不必这么委屈……

在少子化现象的冲击下，台湾的大学预估在8年内有60所要退场，恐怕有12000名教师要失业，占高教师资的1/4。因此，"高教司司长"李彦仪表示，既然大学教师需求量大减，台湾教育事务主管部门已经着手减少博士班的招生名额，约数百名。

有一年年底，《自由时报》头版刊登了这则新闻。在跨年夜，我看到有粉丝在我的脸书留言，说他计划去岛外念博士，询问我的意见。我心里不免疑惑："博士都不看新闻吗？"

念博士学位是为了……

30岁，这位粉丝才从台湾大学人文社科研究所毕业，步入社会正式就业，起步已经算晚。给我留言时他35岁，家境普通，还怀抱着一个博士梦，想去岛外深造人类学、社工或社会学领域（连念哪一科，他都没想清楚）。掐指一算，资质好的，拿到学位至少40岁，而且我想不出来念完要做什么——做研究的职缺微乎其微，教书也没有位置，至于做社工，又何必念到博士学位？

于是我问他："10年后，你想变成什么样的人？"

结果，他回答会好好思考这个问题。我心里又冒出一个OS（overlapping sound，内心独白）："难道你没有想过这个问题吗？"攻读博士的时间长，美国4～5年，中国台湾最长7年，读书阶段正是就业的黄金年华，机会成本高，读完后在台湾却不易谋职，属于高风险低报酬的决定，为什么不先思考未来人生的方向？于是我心里嘀咕："这样的人，念了博士又怎样？"

可是，这种荒谬的例子，我并不是第一次碰到。这20年来，我周围只要擅长念书的人多半都做过两件事：第一件，在10～20年前去读EMBA（工商管理硕士）；第二件，在最近10年动过读博士的念头。有一阵子我真的怀疑，攻读博士已经变成一项休闲活动。现在朋友见面，打招呼除了问对方最近报名哪个超马（超级马拉松），就是问博士念得怎样了。

用7年可以解决职业生涯危机吗

这在全世界任何一个国家和地区，都是奇怪的现象吧！问题是，从35～50岁的人都有，念博士的理由不外乎以下这些。

"现在到处是硕士,还是多念一个博士学位好!"

"公务员与教师可以请假读书,还有教育事务主管部门与学校的补助,有假有钱,为什么不念?"

"我这么会念书,只念到硕士太可惜了,连功课差的同学都拿博士学位了。"

7年前,我终于听到了真心话。42岁的学弟告诉我,他被报社优退之后,在公务机关担任雇员。可是他不习惯做那些琐碎无聊的小事,主管也不满意他的态度与表现。学弟一直有工作不保的危机感,因此想攻读博士,然后进学校教书,有个教授的头衔也算是光宗耀祖吧!

我懂了,对于年逾35岁的人来说,念博士是用来解决职业生涯危机的,听起来也是一个志向远大的抱负,全世界应该都会帮你完成梦想吧!学弟在职念了7年,2016年终于拿到学位。多不简单,职业生涯危机应该解除了吧?

他却说:"现在满街都是博士,念了也没用!"

我又问:"那在公务机关,可以高升了吧?"

"还是雇员!没考上公务员,连转正职的机会都没有。"

念完博士,职业生涯危机更严重

在这7年间,学弟的太太带着两个孩子到另一个城市,边工作边照顾家庭,为的是能让他安静读书;年老的父母需要两地奔波,才能看到孙子;而他担心工作压力大会耽误学业,只能屈就公务机关雇员一职,天天挑灯夜战,睡不到4小时……一大家子6口人,牺牲朝夕相处,冒着财务危机,最后竟然只得到这样的答案!

于是我不死心地再问:"毕竟已经念到了博士学位,你不考虑换一个博士可以做的工作吗?"

"都50岁了,还换什么工作?这个工作不炒我鱿鱼就谢天谢地了,我现在只求安稳。"

拿到了博士学位,既不能换工作,也不能升职加薪,工作不保的心情依然困扰着学弟,职业生涯危机并未解除,反而加重。我心里不禁呐喊:"老弟,请问这个博士到底念得有什么意义呢?"这时,听到他叹了一口气说:"50岁终于拿到了博士学位,人生困境不变,并没有否极泰来。"

曾经，念博士是很多人的梦想，以为拿到学位就可以解决人生的各种困境。可是花了5～7年的时间后，在拿到学位的那天，梦醒了，发现一场空，又耽误了在职场求发展的黄金年龄，而且尚未打稳财务基础——这些人通常是在台湾念文史法商领域的私立大学博士。说真的，像这样对职业规划糊里糊涂的人，我还真怕他们去大学教书，把下一代也教糊涂了。

博士，就要做出博士的价值

但是立场不同，观点也不同。

"他们都是社会长期培育的人才，一旦壮年失业，被迫去餐厅端盘子当服务生，不但是人才的浪费，更是社会的灾难，政府有责任安置供过于求的高教人才。"

台湾高教产业工会秘书长陈政亮说，35～44岁壮年教师处于"三明治"困境——上有父母、下有幼儿，积蓄有限，还要扛房贷，奋斗到这个年纪再一切重来，要面对巨大的压力。

这些我都能感同身受，但仍然觉得不可思议，从什么时候开始，博士变成就业的弱势族群了，居然要呼吁补助？不过也可能是真的，我曾亲耳听一位企业主说："教授把一名博士推荐给我，每月工资要多给两万元，可是产值还不如一名硕士，我正在考虑请他走人。"

想解除职业生涯危机，只有一帖药方，就是增强竞争力！ 在台湾，文史法商领域的人如果进不去大学教书或做研究，而是留在一般就业市场，念博士多半无法提高自身价值，甚至会贬低价值。奉劝大家回头是岸，否则就是爱上了不该爱的学位，7年后等着伤心欲绝、肝肠寸断吧！

记住，别让不该爱的学位辜负了你的一生。

【采取行动】

面对职业生涯瓶颈的委屈，你可以这么做——

30岁之前，看学历；30岁之后，看经历与能力。有本事的人不会自觉委屈，而是采取行动，用绩效表现来证明实力。与其再增加一个学历，还不如做出正确的抉择和努力工作更有效！

准备好接受父母的老去

不少父母以后会变穷,甚至在世时就要变卖财产、花光存款,无法留给下一代。眼见加薪有限,物价飞涨,不禁要问,我们的未来在哪里?其实,你不必这么委屈……

"世上只有妈妈好，有妈的孩子像个宝。"粉丝看过我的某篇文章后，留言给我。我点点头，又摇摇头，因为妈妈有钱就好，妈妈没钱就无法对孩子好。

公教人员[①]年金改革于2017年三读通过，包括18％优惠存款两年归零、所得替代率10年从75％降至60％等。自2018年7月起实施，影响超过50万名现职和退休公务员。

多数年轻人都乐见公平正义的实现，但是也有些年轻人开始紧张，因为父母的养老金将不如预期充裕。当父母变得不宽裕时，甜蜜家庭的画面就会变调，不再是彩色的，而是黑白的。以前父母省吃俭用是想把钱留给子女；现在不仅留不下，有些人得不到子女赡养时，还会向法院提出遗弃控告，甚至索赔，亲子关系将会因此而改变。

北野武有个死要钱的母亲吗

日本导演北野武是油漆工的儿子，他出生在东京下町足立

---

① 机关工作人员和学校教职人员的合称。

区，一个穷人聚集地，住在那里的都是工人和被日本社会藐视的阶层。北野武虽然努力考上了一流大学，最后还是因无力负担学费而辍学。他到处打零工，受尽欺侮，看尽脸色。在成长的过程中，北野武眼里的世界只有贫穷与丑陋。

一个意外的机缘，让北野武一脚跨进娱乐圈，以相声演员的身份出道，后来当演员并成为著名导演，电影作品屡获国际大奖。素有"电影界莎士比亚"之称的黑泽明，临死前留言要北野武继承其衣钵，还说如果没有北野武，日本电影界将一片混沌，足见北野武横空出世的才华和在日本电影界举足轻重的地位。

随着北野武日益走红，母亲佐纪开始向他索取每月20万日元的生活费。北野武痛骂母亲是吸血鬼，也对这个家失望透顶。母亲去世后，北野武收到两件遗物，一封信与一个存折。信里写道："儿子，你从小生性放荡，我担心你日后一无所有……存折里有1000万日元。"

贪婪的背后是悲伤的爱

原来母亲向他索要的每一笔钱，一分都没花，全都存了起来，因为她担心北野武失去人气后会一无所有。下葬那天，北野武本来想要讲笑话的，却未语便崩溃大哭。他说："什么时候我们觉得父母原来那么不容易，我们才算真正的成熟。"

香港博客阿占写到北野武的这段经历时，心酸地总结："没有人比贫穷的妈妈更知道生活的苦，贪婪的背后是悲伤的爱。"

其实，北野武的母亲一点都不特别，在我们这一代人中，到处都是死要钱的"坏母亲"。二三十年前流行储蓄的年代里，母亲都会要求子女上缴薪水，一部分做家用，余下的全都存起来。经济虽然起飞，但淹脚目的钱①却并未淹到我们这些刚进社会的上班族，可是认命存钱，就会有买第一间房子的头期款。

那是穷人开始要翻身的时候，大家看到了希望，于是全家胼手胝足一起存钱。**到了贫富悬殊的现在，老人"下流化"（指无法正常度日，被迫过中下阶层的贫困生活），家人之间想的不再是如何赚取资源，而是分配资源。**哪一天走到山穷水尽，为了生

---

① 脚目指脚踝关节，有一句流行语"台湾钱淹脚目"，是指在经济起飞的年代里，钱多得放在地上可以盖过脚踝。

存就会演变成抢夺资源。 不要说社会上的老人与年轻人对立，越来越多的家庭也将父不父、母不母、子不子。

当父母变穷，而子女又养不起时

2016年除夕的前一周，《自由时报》的头版出现上下两则新闻，已经预言这个时代即将来临。

上面的新闻是"18%在6年后归零"，下面的新闻是"牙医母亲控告儿子，判决获得抚养费2233万元"。这两则看似无关的新闻，却隐隐指出一个全新的社会走向——未来家庭上下两代在"金钱"这一资源关系上的微妙变化。

"18%归零"改革（指军公教年金改革）一释出，军公教（军人、公务员和老师）反弹，抱怨将沦为低收入户。接着，有关部门不断抛出震撼弹，中老年人都知道养老金缩水是来真的了。养老金准备不足者，或回归职场，或由子女奉养。但并不是人人都有能力二度就业，也不是每位子女都养得起父母。如此一来，父母便只能以房养老，每月向银行领取生活费，不会再将房子和存款留给子女，不复往昔"人在天堂，钱在银行"。

这是一场生存战，也是一场资源战，父母不是不爱子女，而是没有能力再继续爱子女。过去父母认为再苦也不能苦到子女的教育，展现出来的是令人动容的牺牲与奉献精神，但是牙医母亲索取抚养费的新闻告诉我们，在子女身上的投资是要回收的！

栽培儿子当牙医，打官司争取回收

据《自由时报》报道，经营牙医诊所的罗姓妇人，长年苦心并举债2000多万元，栽培两个儿子成为牙医。罗姓妇人担心他们日后不愿赡养她，于20年前签订协议书，要两个儿子保证一旦自行开设诊所，需付给她养老金。目前已成为牙医诊所负责人的朱姓二儿子，因此被母亲要求支付扶养费2500万元。

朱姓牙医认为，母亲抚养他以金钱衡量，已违反公序良俗而无效。各级法院原本都判朱姓牙医应支付罗姓妇人扶养费约178万元，但高等法院依协议书内容，并计算朱姓牙医10多年来的收入，判决应支付扶养费2233万元。

一般人都会认为，北野武的母亲是伟大的，关心孩子的未来，但是她被北野武怨恨到离开人世的那一刻；而牙医的母亲是势利的，关心自己的养老远超子女的名誉，但换来老后数十年不必仰人鼻息。过去北野武的母亲占多数，但老人贫穷化之后，牙医的母亲只会越来越多。

亲情到最后若是用金钱来检验，只会见到人性的黑暗，看不到情操的伟大，别让贫穷撕裂你和父母之间的关系。年轻的你何不从现在开始，脚踏实地，弯下腰来，面对现实，了解父母的财务状况。全家一条心，没有过不去的难关，重点在于让父母有尊严地老去，而年轻人也能够满怀希望地走向未来。

【采取行动】

面对承担照顾父母责任的委屈，你可以这么做——

越来越多的父母不再有养儿防老的观念，但陪伴他们老去，仍是我们的责任。有本事的人不会自觉委屈，而是采取行动，及早储备资本，为自己预约一个有尊严的余生。

CHAPTER 04

一切都是为了更好的生活

认真工作，再也不能保证职业生涯高枕无忧，甚至领高薪、坐高位；有时还有可能得到相反的结果——薪水不涨或被淘汰。然而工作的意义是为了过更好的生活，所以我们要变聪明，而不是死工作！

让人力银行成为你的数据资料库

　　这一代年轻人普遍认为自己是不被祝福的一代，一进就业市场就注定领低薪、低发展，经常想要换工作，却又觉得换了也没用，因而挣扎不已。其实，你不必这么委屈……

George毕业于私立大学，没有留学经历，退伍12年，每隔两三年就换一份新工作。看得出来，他是有策略地转换跑道、有计划地规划职业生涯。George一路换的公司不是外资企业，就是大企业，只不过38岁，已经是一家公司的业务副总，年薪300万元以上。他总是笑着说："我是喝人力银行的'奶水'长大的！"

刚开始，我以为他是在说笑，后来才知道他是认真的，因为他每年年底都会约我见面，实际了解就业市场的近况。不过，这次George带着不解的表情说，这阵子不论他走到哪里，都有人会问："你看，今年是不是真的不景气？如果不景气，今年适合换工作吗？"

| 别人的意见，不如真实的数据

第一个问题非常简单，自己可以找出答案，根本不需要问别人；第二个问题则非常个人化，自己要不要换工作并不适合问别人。对于这两个问题，他是这么建议对方的："这些问题的答案，在人力银行里都可以找到。"

George的智慧不属于"书本智慧"（book smart），而应归入"街头智慧"（street smart）这一类。他寻找答案的方法与擅长读书的人不同，因为他觉得看书获得的信息都过时了。敏于观察时势及掌握第一手资料，大概是他能在业界冒出头的原因。做业务的他有一个兴趣——经常关注人力银行，通过职缺变化，了解各行业的热度及各企业的前景，推断出到哪里开发新市场与新客户最有效。

他举例说，某个行业去年开出1000个职缺，今年减少到800个职缺，就代表这个行业不景气，而且几乎可以推断出营收减少两成；反之，今年增加到1200个职缺，就显示行业繁荣，预估有两成的市场增长。

至于要不要换工作，George说做这个决定也容易。他自己的方法是投简历，直接进入就业市场，看企业主对他的反应，便可以充分了解自己在就业市场是处于优势还是劣势，是在主场还是在客场。

"企业的回应，对应征者而言，就是一种'大数据'。可以据此了解自己被企业需求的程度，客观而准确！"

投递简历，就是测试自己的行情

George说，利用投递简历的方式测试自己的行情，早已成为他的习惯。每年年底，他都会在就业市场测试水温——刚毕业的那几年，他会上人力银行投递简历；后来资历深了，则改在猎头公司放消息。企业看过他的简历后，在任何一个环节做出的任何一个反应，都隐含着重要信息，都是宝贵的客户意见，相当于告诉George：从用人方的角度来看，他是一个什么样的人，几斤几两重，值多少价钱。

从企业是否会打开简历、是否回复、是否邀请面试，到面试之后开出的薪资，以及最后决定录用与否等，都是一关又一关的考验。将它们全部数据化，再和往年比较。如果数字成长，当然可喜可贺，表示自己炙手可热；相反，如果数字往下降，表示优势逐渐消失，不再是"当红炸子鸡"。

这种通过"大数据"做的人气测验，是由企业对你这个人进行投票得到的结果，虽然现实而残酷，却客观且准确！

"到了这时候，要不要换工作，答案就出来了！"George

说，换工作这件事，不要去问专家，也不应去问亲朋好友，更不是看新闻报道怎么写，因为他们都不是用人企业，并没有掌握第一手数据，全部都是猜测，不足以参考。投递简历的目的是做产品上市前的"前测"，至于投递后要不要换工作，再说！

George强调，**职场就是战场，必须随时保持清醒，了解自己的位置，瞄准前行的方向，一直保持着竞争力。**我想，这就是他的职业生涯能够一帆风顺的秘诀。

从企业的反应，看出你的竞争力

简历投递出去之后，不同的环节有不同的指标，代表着不同的含义，会让你明白自己赢在哪里或输在哪里，是个人竞争力的评判衡量结果。

1. 有多少企业读取了你的简历

这表示就业市场目前对于你这类人才的需求程度，读取数少表示需求减少，读取数多表示求才若渴。

2. 有多少企业联络你面试

企业在看完简历后，邀请面试的数量减少，表示条件不符合，的确要紧张，显示你处于被市场淘汰的危险边缘。

3. 有多少企业通知你被录取

给予面试的机会若比过去减少，表示自己的资历增长并未带来效益，反而因为年龄的增长而减分或在面试时让企业产生疑虑。

4. 有多少企业将薪水提高了10%~20%

随着资历的增长，薪水也应该随之上涨。如果未涨，必须反省是否已经到达这个职务的薪资天花板。薪资不增，无论是什么原因，都代表危险的信号。

投递简历，试过水温之后，得到的数据若是向上增长，结论正向乐观，就勇敢一试，换工作吧！相反，如果数据下滑，就先不要离职，但并非从此将换工作这扇大门紧闭，而是要静下心来，检讨自己的竞争力，想办法突破劣势，再振雄风。

对于一个身处劣势的人，防守不是最佳策略，进攻才是正确的选择，因为即使不换工作，也有可能被目前的公司三振出局[①]。提升竞争力，保持优势，随时进入就业市场试水温，了解身价，视时机做出转换跑道的选择，方为上策。

【采取行动】

面对竞争优势衰退的委屈，你可以这么做——

想要换工作，又担心下一份工作不会更好，有本事的人不会自觉委屈，而是采取行动。主动出击，利用投递简历的方式获得企业的反馈，了解自己的行情，保持竞争力一直处于巅峰状态。

---

① 三振出局是棒球或垒球运动的术语，是指击球员三击不中而出局。这里指最终被企业淘汰。

别让人力资源部挡住你

简历投出去之后,石沉大海,杳无音信,心里开始出现各种杂音,突然失去信心,怀疑自己的能力不佳、条件不优或没有后门可以走。其实,你不必这么委屈……

想换工作，第一件事当然是写求职简历。可是你可曾想过以下两个问题：

"谁在看我的求职简历？"

"他是以什么角度在看我的求职简历？"

第一个看你的求职简历的部门是人力资源部，多数简历在人力资源部这一关就已经被丢进垃圾桶了。除了条件不合适的简历之外，还有一种简历会永不见天日，到不了用人部门那一关，那就是"问题简历"。

比起选对人，人力资源部更怕选错人

对于人力资源部而言，挑选出优秀的人选固然重要，但是压在他们心头最大的重担并不是这个，而是用人部门发现筛选出来的简历有问题。选对人，人力资源部不见得会获得掌声；但是人选有问题，他们会第一个被埋怨。这就难怪有的人力资源部门特别谨慎小心，将全部心力花在"挑错"上。

想想看，每份简历都是求职者呕心沥血、字字推敲、耗时费日才磨出来的"杰作"，人力资源部门居然还可以鸡蛋里挑骨头,硬是从中发现不完美的因素,那种挑错的吹毛求疵劲儿,以及宁可错杀也不能放过的狠劲儿,真让人怀疑他们是FBI(美国联邦调查局)训练出来的。

因为工作的关系,我和人力资源主管经常接触,发现他们在看简历时有一双"慧眼",像FBI探员一样,可以从字里行间发现蛛丝马迹,闻出"怪味道"。这些蛛丝马迹不一定是错误,但只要符合"合理怀疑"的条件就等同有问题,这样的简历极有可能被直接丢进垃圾桶。

所以写求职简历时,除了表现自我、强调优势和积极争取加分之外,也要注意别留下一根头发、一个口红印或一枚指纹,让有洁癖的人力资源部抓到一丁点的"合理怀疑",不只会减分,很有可能从此翻不了身。

人力资源部考虑的,跟求职者不一样

首先,要认清一点,人力资源部在看简历时,无论立场、角度还是解读,都和求职者不一样。若希望求职成功,必须易位思考,站在人力资源部的立场着想。最重要的是不要犯错,不要给人力资源部惹麻烦,害他们被用人部门炮轰!

以下所举的例子未必是铁则,却告诉我们一个铁的事实,的确有人力资源部是这样审核简历的,而你并不知道你要应征的公司里,人力资源部门是否有这样一个人,最好小心为上!

1. 薪水范围太宽

求职者在填写简历时,面对"希望待遇"一栏都会迟疑再三,最后多半填写"面议"或"按公司规定"等内容,认为这样写比较保险。可是也有人不信邪,勇气十足地填了,哪知道却惹了麻烦!

有的求职者因为过去月薪5.5万~6万元,所以"希望待遇"填写5万~7万元。为了转换跑道顺遂,薪资范围前后拉宽5000元,自认为可以适用更多的企业,可是人力资源的人不这么想。他们认为薪资拉得太宽,表示对行情不明确、定位不清楚,重点还是一句话:"既然写了5万,公司就不会给7万,还不如写'5万元以上'就好。"

2. 未填家中电话

现在的年轻人靠手机走遍天下,如果不是跟爸妈要生活费,大概连家里的电话都忘了吧？简历上未填家中电话很正常啊！可是有些人力资源的人不这么想。

他们脑中闪过的念头通常是"万一在公司出事，跟谁联络？万一没来上班，又不接手机，打到哪里联络他？"

这些万一让人力资源部充满不安全感，仿佛家中装了电话，就有可信赖的人对其人格做担保似的（其实即使家中有电话，多数时间可能只有老奶奶接听，说不定她都听不清你在说什么）。

3. 学校肄业

比尔·盖茨（微软的创建者之一）与马克·艾略特·扎克伯格（脸书的创办人）是辍学生，但被年轻人奉为偶像。可是在台湾，学历挂着肄业可是大忌！人力资源的人通常的反应是"因为爱玩吗？因为书没念好吗？"他们担心这样的求职者不可靠，二话不说就会丢掉这份简历。

一位年轻人在简历中，将就读的两所大学都填写肄业，其实第二所还有一个月即将毕业。可是人力资源的人完全无法理解，他们认为："难道他不知道肄业会减分吗？写一所肄业就够惨了，还要写两所肄业。"

4. 不一致性

一位求职者写了4项工作经历，其中3项填了薪资数额，一项暂不提供，这也会引起人力资源部的疑心，因为信息不一致，反而留下破绽，还不如4项都不提供。因为人力资源部看简历时，焦点不是放在填薪资的3项，而是盯着未填写薪资的工作经历上。"为什么唯独这一项未填写？是不是出了问题，才不敢填写薪资？"

5. 信息相互矛盾

在简历的"希望应征职务"栏，一位求职者一共勾选了5项职务，其中4项是一般职务，一项是主管职务，人力资源部的解读恐怕出乎大家的意料。"既可以当主管，又可以做一般职务，这是定位错乱！"一个有工作经验的人，简历中还存在这样的矛盾，表示不了解自己的实力，也缺乏自信心，公司怎能录用他？

6. 不会算术

一位应届毕业生在填写简历时，总年资勾选1~2年，后面列举了3项打工经验，分别是3个月、4个月和3个月。合理推测应该是他还有其他工作经历，因为求职者觉得这3项比较具有代表性，才列举出来，可是人力资源的人不这么想。有人看完简历会想："工作经历没填完整，是因为其他工作有问题吗？"甚至有人会认为："不老实，想骗年资，被我发现了！"（这是小学一年级的算术题，连这个都算错，对其"合理怀疑"好像也合理。）

【采取行动】

面对简历石沉大海的委屈，你可以这么做——

求职简历不是写给自己看的，而是写给企业看的，大企业的第一关是人力资源部。有本事的人不会自觉委屈，而是采取行动，易位思考，主动了解人力资源部想要看的内容，以及最忌讳的错误，打动他们的心。

想要高薪，就要做对选择

没有人不想拿高薪，可是很少有人知道，高薪是给"某些人"拿的，自己并不在"某些人"的行列里。所以即使你拼命加班、认真工作、对公司忠诚，还是未能加薪。其实，你不必这么委屈……

"我现在做行政人员,在公司已经5年了,你看我有没有机会做主管?"

粉丝向我提问时,通常希望我能马上给出yes或no的答案,这当然危险,我一般会要求对方补充背景说明。但是面对这个问题,我想也不想就说出4个字:"机会渺茫。"这个回答居然引来不少粉丝点赞,还说这类员工的结局就是如此。

有些工作就是领不到高薪

还有一次,一位42岁的粉丝说他既愤怒又受挫,在公司担任行政主管多年,每月领5万元薪水,养家困难。他想换工作,于是向上百家公司投出简历,可是只有6家回复,而且给出的月薪最多3.5万元。

他问我:"这些公司太欺负人了,我就这么不值钱吗?"

我告诉他,这是企业对他投票的结果,表示94家企业对他没兴趣,6家有兴趣,却只愿意给3.5万元的月薪。他只有两条路可以走:一条路是抱紧老东家的大腿;另一条路是转换跑道,做与业务挂钩的职务。

这样讲很伤人，但是一定要认清这个事实，**有些人就是与加薪升迁无缘。这和是否努力认真工作无关，而是和职务类别有关。**

最近，日本女性贫穷化引起热议。媒体在报道时，都会顺带提及中国台湾女性的薪资平均只有男性的83%（男性薪资平均52653元，女性43709元），并将之归因为性别歧视，导致男女同工不同酬。很多学者也得出同样的结论，但对此我有不同的看法。我在人力银行多年，对职务有研究，男女根本没有同工，这才是不同酬的症结。

总经理与保洁员的薪资会一样吗？当然不一样，因为不同工！两性薪资的差距，与这个问题是一样的（本文暂且不谈性别教育和性别刻板印象等成因）。

35岁前后，有两个关键性的选择

比起美日韩等国家，中国台湾地区在薪资上的性别差异不算最严重（中国台湾地区是14.5%，美国为18.9%，日本为33.2%，韩国为31.3%）。只要从以下两个关键点着手，女性的薪资绝对有机会翻转。

第一个关键点：刚进入职场时，要选对工作。

第二个关键点：35岁之后，要选对职业规划。

Alex是一家上百名员工的企业老板，在他的公司里，有两种职务会出现明显的性别差异。

一种是行政人员，只要一有职缺，简历便如雪片般飞来，90％以上的应聘者是女性，其中不乏毕业于顶尖大学的求职者。这种职务起薪2.4万元，3个月后调至月薪2.6万元，以后视表现每年调薪500元，薪资天花板是2.8万元。也就是说30岁之后就不再调薪，直到退休。

另一种是程序设计人员，永远都缺人，招聘信息万年不撤，应征者80％是男性，多数是私立科技大学毕业生，还有半路出家自学的，长期处于招不满额的窘境。这种职务起薪3.5万～6万元，年年调薪。

行政人员最委屈，但是她们不会争取加薪，一做就是万年行政。10年以上的"白头宫女"，在年华老去后更不会离职。相反，程序人员最令老板头痛，平均只做一年半就会跳槽，即使加薪5000元仍然头也不回，因为新工作加薪1万元。

女性求职，不重视薪资与升迁

招不到程序人员，Alex想出一个怪招，他开出两个职缺，称作：

程序部行政助理

行政程序设计人员

加了"行政"这个关键词之后，简历倍增，女性求职者终于出现，不只学历漂亮，还有信息专业背景。面试时，Alex问她们应征的原因，获得的回答大致如下：

"'行政'听起来不需要很强编程能力，只是帮助大家完成工作，把工作做好即可，不承担成败责任，加班少，压力轻。"

看到没？女性在选择工作时，重视的元素都是抽象的感觉。例如，做好工作可以获得成就感，与同事相处可以带来愉悦感，为别人解决需求可以受到重视……至于责任、加班与压力则能少就少。相反，男性在选择工作时，重视的内涵是独立、权力、声望和金钱等，他们要的是加薪与升迁的机会。

35岁之后,家庭重于工作

一家人力银行在2016年进行过求职偏好调查,发现两性在职务上做出了不同的选择。女性的前五大偏好,有3类职务不在男性的榜内,分别是行政总务类、营销策划类和财会金融类。

排名	男性最爱	女性最爱
1	客服、门市、业务、贸易类	客服、门市、业务、贸易类
2	操作、技术、维修类	行政、总务、法务类
3	生产制造、品质管理、环卫类	餐饮、旅游、贸易
4	研发相关类	营销、策划、项目管理
5	餐饮、旅游、美容美发类	财会、金融专业

除了财会金融外,行政总务和营销策划都不限科系,求职者多,竞争激烈,企业不仅可以挑到优秀的人才,而且只需付低薪即可。从事这3类职务的,我敢打包票,99%都属于即使努力认真、为企业牺牲奉献,也完全无助于个人加薪与升迁的情况。因为女性不懂得一个道理——选择大于努力!

不止如此,在以后的职业生涯发展上,女性的选择越来越偏离加薪与升迁的轨道,甚至中断职业生涯。在同样一项调查中,男性的职场目标第一位是加薪,女性却将它排在第三位;排在第五位的，男性选择跳槽，女性则希望多点时间陪伴家人。

35岁是一个重要的分水岭。在这个年纪，女性对于工作的期待不再是前途发展，而是希望离家近、工作时间有弹性，可以把工作之余的时间都用来照顾家人。可是同样年纪的男性，通常力争上游，积极争取更多的责任，升上主管职位，获得加薪。

无论做任何选择，选择工作或选择职业规划，多数女性的态度一致，都在和加薪说："离我远一点，不要靠近我！"既然你这么不爱钱，钱为什么要爱你？

不是命运选择了你，而是你选择了命运。不要花力气抱怨老板不加薪，而应改变选择——从改变职务与职业规划做起，就会看到财神爷走过来。

【采取行动】

面对薪水不如人的委屈，你可以这么做——

比别人认真工作，薪水就应该比别人高？事实并非如此，有本事的人不会自觉委屈，而是采取行动。懂得选择大于努力的道理，做正确的职务选择，不要轻易为了别人而中断职业生涯。

你的喜好不是应征工作的理由

工作,当然要做自己喜欢的,才有热忱,乐在其中,不以为苦,工作状态稳定性高,又有绩效表现。可是这些说"我喜欢"的人,却不会被企业录用。其实,你不必这么委屈……

Stephane毕业3年，从事贸易工作，负责岛外客户，表现优异，公司有意予以重用并升迁。可是Stephane仍想要更多尝试，以确定未来的职业方向。

在过去3年的工作经验中，她发现自己有不少强项，包括做事讲究效率、准时完成工作等，而且"只要客户有需求，无论凌晨几点，是否睡意正浓，我都可以立即从床上跳起来处理，思路清晰，笑容真诚，服务到对方满意为止。"

喜欢旅行不是应征空乘人员的理由

除了以上优点，Stephane外语强、容貌佳，因此她自认为适合转做空乘人员。可是她考了3次都没有被录取，难过不已。但是Stephane从不是一个轻易认输的人，她左思右想，想要找出面试时究竟错在哪一题，后来终于让她找到了。

每次当面试官问到"你为什么对这份工作有兴趣"时，她都回答："因为我喜欢旅行！"本以为这么热血的答案，一定可以打动面试官的心，可是每次都不例外，一定换来面试官一副不以为然的表情，回应更像-40℃的冰块向她脸上砸来。

"这种答案我们常听到,可是这显示出你完全不了解这个行业。"

"做空乘人员不是去旅行,而是在做服务业。"

"你必须要处理的是刷马桶和客人呕吐这类事情……不少是肮脏的工作,一点都不浪漫!"

你喜欢什么,企业一点都不关心

面试时,"你为什么对这份工作有兴趣?"这是一个最常被问到的问题,可惜大部分人都答错了。

应征策划的人会回答:"因为我喜欢创意!"

应征业务的人会回答:"因为我喜欢和人打交道!"

应征客服的人会回答:"因为我喜欢和人聊天!"

应征编辑的人会回答:"因为我喜欢写文章!"

应征电商的人会回答:"因为我喜欢买东西!"

这些回答,一般求职者都以为可以表现出自己对这份工作的热忱,其实错了!这种答案不只错误,还显示出你的不专业,不了解这份工作所需要的能力条件。回答"你为什么要应征这份工作"时,归纳起来,一般人通常没有遵守以下3个原则。

【错在这里 ①】开口说"我喜欢"就错了

公司录用你来工作是要付薪水的,老板不会关心你喜欢什么,而在意你能够做哪些事。你的喜好与他的获利无关,你的能力才关系到他的营收。

如果你爱用"我喜欢"做开头,请务必改掉这个坏习惯。这并不是讨人喜欢的口头禅,从此改用"我能够"吧!

【错在这里 ②】没有提到关键词

说出对方想听到的关键词,而不是你想说的废话,表示你熟悉行业状况,了解企业用人需求。关键词在哪里?都藏这里!去看该企业在人力银行上面刊登的"求才条件",它们就是关键词,面试时一定要提到它们!

【错在这里 ③】看错题目

千万不要以为面试是"无题",任你自由发挥。

求才条件,就是题目!求才条件若有3项,就表示有3个题目待解，有5项就表示有5个题目待解。——解题，给予对方想知道的答案。

解题是告诉企业，他们要的这些条件，你都具备，不仅胜任无虞，还可以做得比别人更有绩效，让企业感到放心。

简单两步骤，精准打中面试官

依照以上这3个原则，以应征策划人员为例，解题的方式如下：认真细读企业的求才条件，看清楚"题目"，接着在自己以往的经历中找出答案，举出实例或数字，证明自己的确100%具备这些能力和条件。

1. 说出关键词

"贵公司在征求策划人员，主要开出两个条件：第一，会写策划案；第二，会简报。在这两方面我不只有经验，还表现优异，证明我能够胜任这份工作，请让我向您充分说明。"

2. 一题一题拆解

"首先，关于写策划案这部分，过去3年内，我曾经提交过

10次政府标案（标准草案，指批准发布以前的标准征求意见稿、送审稿和报批稿），企业端则每个月都会有一次提案。"

"其次，简报能力，您更不用担心。我的策划能力加上简报能力，使提案成功的命中率高达30%，而10年经验的资深策划成功率平均是20%，可以看出我超出平均水平非常多。"

面试的目的，是录取！前提是你要切中企业的需求（求才条件），让面试官卸下心防，可以没有疑虑地录用你。让他放心，让他觉得慧眼识英雄，你就成功过关了！

【采取行动】

面对面试失败的委屈，你可以这么做——

认真准备面试，可是却经常没有下文，有本事的人不会自觉委屈，而是采取行动。改变说话方式，将"我喜欢"变成"我能够"，强调能力与经验，让企业相信自己完全可以胜任。

主管怎么想,就是比你的想法更重要

努力一年,拿到的绩效考核却不理想,便认为主管没有肯定自己的表现,心里很受伤;或认为主管不公平,感到气愤,不是背后抱怨主管,就是想用离职让主管难堪。其实,你不必这么委屈……

刷了一整年的工资卡，就属这次最刺激！一刷，金额显示，不只知道领到了多少年终奖金，也知道主管给自己打的绩效考核等级。一整年的努力就这么盖棺论定，就算是崩溃大哭或气得将工资卡折断，一切都已经成定局，说什么都是多余。

绩效考核不见得100%反映你的表现

在谜底揭晓前，这段"猜心"的日子，谁都不好过。总觉得主管最近不怎么敢正眼瞧自己，似乎刻意回避。"他是不是因为对我的绩效考核评分较低而心虚了？"努力了一年，自己在公司或主管的眼里，究竟是好是坏，还是普通而已。怎么说绩效考核都是和钱有关的现实，也是和面子有关的感受，因此才让人心如刀割，夜夜难以入眠。其实绩效考核不可能绝对公平，这是事实，可惜很多人不愿意坦然承认与面对，经常在得知绩效考核的结果时，表现出错愕、伤心、气愤等情绪，甚至负气离职，也可能从此觉得努力不值，不再像过去一年那样为公司打拼。

这样的想法和做法是不智的，因为绩效考核的评分高低，除了个人努力工作、完成绩效之外，还有6只"黑手"，属于不可控制的因素，并非100%和自己的表现挂钩。因此不妨释怀，用积极的态度去面对，把这6只"黑手"视为未来一年努力的方向与重点，年底绩效考核时反败为胜，扳回一城。

【绩效考核黑手 ①】主管怎么想才是重点

很多人的绩效考核一直无法突破，是他们以为绩效考核评分是"自己"在打，所以经常听到这些人抱怨："我这么努力，为什么……""我这么无私奉献，为什么……"思考的方向完全错了！如果反过来问自己，问题将迎刃而解，如"主管给我的绩效考核评分时，他在想什么？"这样就对了！弄清楚绩效考核评分的主角不是你，而是主管！所以请易位思考，变成主管肚子里的蛔虫，认真地想："主管想要的，我的付出到位了吗？"而不是执着于："我想要给的，主管埋单吗？"

【绩效考核黑手 ②】主观的印象分数决定胜负

绩效考核主要是评价两部分：其一是目标管理，其二是行为评估。若想拿到优等，这两项都不能有失分的情形出现。

目标管理，一般人比较容易理解，标准客观，也让人服气。不同职务有不同的目标，根据目标制定出的便是绩效考核标准，因此每个人的考评项目与标准各异。

当两人的工作目标完成不相上下时，行为评估就会被拿出来衡量，如出、缺勤等。两人若是再比不出高下，态度这张牌便会亮出来，左右整个局面。

最让年轻人不服气的地方就在这里。他们认为事情做好、目标完成就足以交差，出勤不重要，以态度来评估更不客观。抱歉，无论是现在还是未来，印象分数一直都会存在。有些主管受下属一整年的"鸟气"，会选在此时算总账出气，所以请注意自己平时的行为与态度。

【绩效考核黑手③】害怕失去你更关键

在失去的痛苦与得到的喜悦中做抉择时，一般人会选择不要忍受失去的痛苦。同样的道理，主管在意"失去你"的痛苦，也会远高于"得到你"的喜悦。如果两人都是主管的得力助手，一人难以替代，失去了就永远失去，再也找不到这样人才；另一人可被替代，失去了不难找到替补，前者的绩效考核一定优于后者。

绩效考核的决胜关键，也包括被替代性，这是很多上班族容易忽略的一点。因此，在能力上具有独一无二的优势，不只会在薪水上享有定价权，在绩效考核方面也有优先考虑权，值得终其一生致力追求！

【绩效考核黑手 ④】主管的软弱改不了

每个主管的性格各不相同，我们不得不承认，有很多主管并不胜任。他们软弱无承担，无法面对评绩效考核的压力，于是采用轮流给优等的做法。想当好人，却变成滥好人，最终没有人满意。也可能是主管因害怕或得罪不起恶人，于是选择牺牲表现良好的人，让恶人得优等。

在职业生涯中，跟随一位有能力且有担当的主管至关要紧，从评绩效考核这件事可以窥见主管的性格，提醒自己择良木而栖，说起来也是收获。

【绩效考核黑手⑤】主管要部门绩效，你给了吗

你是打工仔，主管也是打工仔；你希望绩效考核优等，他也希望。老板给主管评绩效考核，是看部门绩效，因此基于主管的个人利益，他也会期待你不只个人绩效突出，对部门的贡献值也要优于他人。

重点来了，除了努力完成个人目标外，也要做到团队合作、相互帮助，一起完成部门目标。在谈到贡献时，不要邀功，吹捧自己有多棒，听起来刺耳扎心，一副要把主管干掉的模样；相反，请改口说帮部门多做哪些事、多引进哪些客户等。只要开口必提部门，让主管看到你的努力与忠诚，并让他在老板面前扬眉吐气，这才叫做有所贡献！

【绩效考核黑手⑥】冷部门，绩效考核就是冷

优等的名额不是各部门一样多，无论个人表现有多优异，只要身处在非核心部门，优等自然就少，核心部门才会多。像买房子一样，"蛋黄区"容易升值，也不容易贬值，而"蛋白区"正

好相反，所以置业要优先考虑"蛋黄区"。同样，想要在公司里飞黄腾达，必须想办法挤进核心部门，更容易加薪升迁，优等绩效考核的配额也多。不过天下没有白吃的午餐，在核心部门付出的心力与时间也相对较多。

除了部门有核心与非核心之分，主管个人也会发挥影响力。有的主管个性软弱，任谁都敢蹂躏；有的主管是硬角色，无人敢得罪。因此在分配绩效考核时，主管凶不凶，或多或少也会决定配额的移动倾向。

不过无论如何，除非部门上下一心，众志成城，将冷板凳坐热，否则厚此薄彼这件事是定数，不易改变，抱怨也是无济于事。

【采取行动】

面对绩效考核不如预期的委屈，你可以这么做——

绩效考核没有绝对的公平，也不可能让所有人心服口服，但有本事的人不会自觉委屈，而是采取行动。在专业上力求精进，用实力证明，拿出成绩，同时也不必为了绩效考核而轻易离职。

失业是必须尽早管理的风险

　　失业发生的年龄越来越早，频率也越来越高，而且有一次失业经历之后，失业便会经常来敲门，待业期逐渐拉长。慢慢地，失业好像变成了惯性，让人焦虑。其实，你不必这么委屈……

面对失业，年轻时或许是一次挑战，中年以后就是一场灾难。

在年轻的岁月里，失业像得了一次小感冒，三五天痊愈，病好后抵抗力增强；中年以后，失业像得了一场大病，一病就是三五个月，病后免疫力下降，整个人元气大伤，体力大不如前。足见年纪越大，越禁不起失业，无奈的是年纪越大却越容易失业。

▎80%的父亲害怕失业

过去，中年失业指的是50岁以后失业；40多岁称为中年转业，还有机会回到职场。可是据澳大利亚悉尼科技大学2014年的一项调查指出，45岁以后失业，重返职场难如登天，所谓的中年失业问题已经提早至45岁。

过去，中年失业的待业期大约数月，现在超过6～9个月的例子非常普遍，待业期拉长，令重新就业更加困难。欧盟失业超过1年的人口占失业人口的半数，长期失业变成常态。

既然重新就业变得如此困难，何不反过来想：怎样让自己避免失业，减少免疫力下降的机会？这是在这个不景气的时代要深思的问题。

曾有一家人力银行做过调查，发现竟有高达80%的爸爸担心失业，可见失业变得越来越平常。许多原因都可以造成失业，而这些原因又是如此普通且常见。例如，一项新科技的发明，造成另一种旧科技的崩落，产业生态翻转，甚至消失；产业聚落外移，工厂随之搬至其他国家或地区，如果不跟随派驻，便没有工作机会；一种产品上市后，市场反应不佳，公司经营困难，关门大吉；老板因本业辛苦，转而投资，杠杆操作失利拖垮本业，不得已裁员资遣……

原因不一而足，却都不是员工可以预料与防备的。灾难当头落下，毫无预警，被迫非自愿性离职的例子天天上演，有人甚至一年碰到3次，这样倒霉透顶的人只会越来越多。

避免习惯性失业

在这个经济大停摆的时代，GDP连成长1%都是奇迹，必须充分认识到，失业几乎要变成家常便饭。既然别人施加在自己身上的灾难防不胜防，就不要再自己制造失业问题了。趁着年轻，请这样安排你的职业发展。

1. 尽量抢进大企业

小公司说倒就倒，不容缓冲，让人连应变的时间都没有。可是瘦死的骆驼比马大，大企业会预告，会开协调会，会给资遣费，甚至还会花钱请职业规划顾问为你做咨询。但是重点不在这些，而在于相比之下，大企业不容易倒，因为银行不会让它倒。

进入大企业之后，再转进小公司还有机会；相反，在小公司工作，要转进大企业却不易。所以进大企业，未来转职的工作机会也多，职业生涯更长，这是无形的保障。

2. 请不要动不动就离职

换工作的理由，不应该是因为这份工作不好，而应该是因为下一份工作更优，也就表示已经找好下一份好工作，因此不至于失业。

改变换工作的原因，不要冲动离职，不要引发失业问题，即可避免失业后遗症。

年轻时，因为不爽主管的管理风格、公司的制度不明或同事难以相处便愤然离职，转身还算容易。可是，若简历中所列的工作经历都是短短数月或一年半载，这是严重的瑕疵，随着年岁渐长，变成不良记录，会让企业无法信赖并录用。

3. 盘点自己的可利用价值

很少有人会认真去想，公司录用自己的原因、公司给自己这份薪水的原因，以及公司没有资遣自己的原因等。这些原因都至关重要，明白自己的可利用价值有哪些，掌握自己在就业市场的关键因素，也是一种资产盘点。当这些关键因素逐渐消失，就必须有危机意识，而不是糊里糊涂过一天算一天，直到被裁员才清醒过来。

4. 有脱离组织的能力

假如有一天公司裁员，自己赫然在列，你一定会发慌，那么为何不尽早认真面对这个问题？想想看，脱离组织后，马上找到工作的时间有多长，如果一年半载找不到新工作，有办法身为自由人，也能养活自己和家庭吗？倘若没有这个能力，请趁早培养！

兼职是一个好办法，让自己在主业之外，还有一席之地，分散风险。不将鸡蛋全部放在同一个篮子里，当主业出现状况时，慌乱将大为降低。

一般人都以为，中壮年是社会的中坚力量，可是就业统计却显示出，他们其实是脆弱的一群。2014年，中国台湾地区55～59岁的劳动参与率是49.4%，低于美国的76.8%，与文化相近的韩国（87.4%）和日本（93.2%）相比低得更多。

想要避免中年失业吗？趁年轻时就做好准备，打好基础，才能降低中年失业的频率与冲击。

【采取行动】

面对恐惧失业的委屈，你可以这么做——

失业，并非只会发生在工作不认真的人身上，有本事的人不会自觉委屈，而是采取行动。慎选工作，努力做出成绩，不要动不动就离职，而且还要让自己具备脱离组织、自行谋生的能力。

CHAPTER 05

你能展现的是态度和行动

你的人生必须有锋芒,展现明确的态度,提出具体的行动,让别人一起帮你完成梦想。自己也要警醒,人生是有目标的,自己是有风格的,必须按照自己的意思活着,一切由自己负责,顶天立地,扛起成败。

没有一份工作是不受委屈的

每个人都以为自己是全天下最委屈的那个人,常常自怜或到处抱怨有人对不起他。万万没想到自己最羡慕的总经理,即使年薪千万,也会委屈到想离职。其实,你不必这么委屈……

有一次朋友邀请我到家中做客。他学做手工蜡烛一年了，见面时送我一盒蜡烛作礼物，说是他心爱的作品。我兴奋地打开盒子，心情立即跌到谷底。这对蜡烛说不上是什么颜色，黄的、蓝的、绿的……五颜六色混在一起，很快我领会到这是用做其他蜡烛剩下来的余蜡拼凑而成的作品，免不了在心里埋怨："他还真是有诚意呢！"

我脸上的失望一定是太明显了，朋友没说什么，起身关了电灯，将蜡烛点燃。摇曳的烛光看不出是什么颜色，黄的、蓝的、绿的……烛光与单一颜色的蜡烛相比更缤纷、更有层次，照亮整个房间，美丽中透着温暖。

朋友看到我的眼睛开始发亮，才开口说话："所有蜡烛中，我最喜欢这种用余蜡做成蜡烛的烛光，丰富而有魅力，充满了人生况味。"

混色的蜡烛，真实的人生

那段时间我的工作处于低潮期，内心隐藏着不少委屈，身边的人都看得出我的笑容变少了，因此朋友特意邀请我到家里，送给我这对蜡烛。他说**没有一份工作是不委屈的，把这些委屈收集起来，就像把余蜡收集起来，用它做成的蜡烛虽然不是自己原本梦想的颜色，不够纯粹好看，可是点燃之后，闪耀的烛光却是最迷人的**，但说不出是哪种颜色让它这么动人。

从此以后，每当我在工作中受委屈时，就会点上这对蜡烛，看着烛光，然后发出一声感叹："啊，这就是人生！"等心情平复下来，熄灭烛火，连同委屈和蜡烛一起收进橱柜里。

几次之后，我发现有时候委屈不必面对或处理，把它收起来，时间自然会淡化它。一段时间之后，会产生一种恍如隔世的错觉，怎么也记不起来当时受委屈的心情与细节，甚至会奇怪地想："真想不通，当初究竟在委屈什么？"

委屈，可能是自己想出来的

没有一份工作，可以完全按照自己期待的"颜色"进行。想要白的却不是白的，想要粉的却不是粉的，想要红的却不是红的……混进了一堆讨厌的颜色，东一块西一块，模糊不清，说不清究竟是什么颜色，而这就是职场的真相！

所以，没有一份工作是不受委屈的。无论是小职员、中级主管，还是总经理，大家都一样。在工作中都有各自的委屈要受，差别在于承受委屈时的态度罢了。

我有一位离职的同事Max，在新公司已经做到中级主管的位子，最近经手的几个项目做得不顺利，正处于焦虑不安的状态中，却发现他的下属竟然提早发难，不仅越过他向老板报告，还怂恿上任主管回来接管。前主管居然也配合放话："这些项目我是可以搞定的！"整个部门弥漫着奇怪的氛围，让他不禁起了疑心。他注意到老板并未吭声，看不出老板的意向，于是委屈袭上心头，越想越钻牛角尖。"好歹我也是他们挖过来的主管，太过分了，居然用阴险的手段对待我！那我就跳槽给他们看，让他们痛失人才，感到遗憾。"

连总经理也会受委屈

Max聪明能干、积极主动，一直以来仕途顺利，个性也一向自负。对于委屈，他是一点都不想领受。他的行动力超强，一星期内就联络上比他大6岁的学长Doug，想问问对方有没有工作机会可以引荐。Doug在某领军品牌担任总经理，年薪应在千万上下（据Max猜想），是Max崇拜的对象，而且这家企业也是Max向往的良木。

到了餐厅，学长刚一落座，就开口问Max最近业界的人事动态。Max马上嗅出一丝不对劲，半开玩笑半挖苦地说："不会吧，连贵为总经理的你都想要换工作？"

Doug并未针对这个问题做正面回应。可能是因为一肚子委屈无人可诉，好不容易碰到一个说得上话的学弟，忍不住一股脑道出心中的不快。谈到他身处一人之下、万人之上的心情，他说："到了我这个级别，不怕挑战，不怕压力，在意的只有一件事——那就是老板的信任。只要老板肯给予信任，赴汤蹈火，在所不辞啊！我们要的是一个舞台，如果只是被当成傀儡，没办法做主，有所贡献，那这份工作再继续做下去也没意思。"

不要抱怨，一切交给时间

听到这里，Max才恍然大悟，领悟到一个职场真理：没有一份工作是不受委屈的，即使年薪千万的总经理也会受委屈，也会想离职而去，只是因为职位和高度不同，彼此的委屈不同罢了。

到了今天，时隔一年，人事并未全非，地球依然在运转。Max还在原公司，他后来发现老板根本不知道下属在制造是非，而且态度上仍然力挺他；Doug也还在原公司，继续当总经理，无风也无浪，外界完全看不出任何异样。

工作上受了委屈吗？也许你要做的只有一件事，将委屈交给时间。真实的职场人生不会是一支指定颜色的蜡烛，而是一支混色蜡烛，混合了各种你想要或你不想要的颜色。委屈时，点燃它，看着摇曳的烛光，照见另一种未被期待的色彩，也别有一番风情。

【采取行动】

面对工作不顺利的委屈，你可以这么做——

工作上，一定会有受委屈的时候，有本事的人不会自觉委屈，而是采取行动。正视委屈是必然存在的事实，也是人生的一部分，接纳它，并通过它了解自己与职场，让工作更顺心，人际关系更圆满。

祝福，可以让过去变成漂亮的资历

在离职的原因中，有90%是员工对公司有所不满，同时认为自己的离职可以给公司造成损失。可是离开后，却发现公司没有自己，反而发展得更好，心里很不是滋味。其实，你不必这么委屈……

我们没有自己想象中那么伟大，没有我们，地球仍然在运转，诅咒地球是没用的！

Elle今年30岁，是我的一个来往厂商的承办人，她工作尽职认真，让人信赖。可是Elle过去3年的人生经历却让我有一个领悟：那就是情人没有你，可能生活得更好，他和另一个女人在一起更幸福；公司没有你，可能会经营得更好，接任的同事做得比你还棒！

每个人都认为自己在别人心中是独一无二的，无人可以替代。所以离开时，为了突显自己的重要性或强调自己的不可替代性，很多人会预言前任情人将痛不欲生或诅咒前公司受重创而垮台。但这一切只不过显得自己气量狭小且无知，事实往往和自己唱反调，让人无法接受，更加难以面对离去的痛苦与难堪。

▎放下，才能让自己前进

3年前，Elle因为男友另结新欢而提出分手。Elle除了舍不得4年的感情，面子上也过不去，觉得自己是被劈腿（脚踏两只船）的"正宫"，心里充满怨怼。时隔一年后，我仍然能听到她在唱衰前男友的新感情。

她的理由是这样的:"同居两年,家具是我买的,家务是我在做,连他的臭袜子都是我洗。我不相信还有哪个女人会心甘情愿地为他牺牲与付出。"

"他的家庭经济负担重,房租是我在付,很多吃和用的花费也是我默默地支出,给他保留面子。我不相信有哪个女人会像我这样体贴他的情况。"

接下来,Elle就一相情愿地认为前男友会受不了新女友。"到时候他就会知道我的好!到时候他就会明白没有人会比我对他更好!"

因此,Elle认定前男友最终一定会回到她的怀抱,求她回头。不过Elle会嘴硬地说:"哼,到时候再看看我要不要他……"

说老实话,每次听Elle抱怨,我都觉得不理解,女友的价值怎么会奠定在不断地委曲求全、奉献牺牲上,而不是一些美好而快乐的回忆中?而当一段感情结束之后,作为前女友为什么不能寄上祝福,让自己也能了无牵挂地发展一段新的幸福呢?充满怨念,唱衰前男友,这样完全无济于事,只会让自己活在过去的阴影里。原地不动，无法前行，耽误的是自己的青春岁月。

失控，只会造成更多伤害

一切果真事与愿违。2016年，Elle听闻前男友结婚了，前尘往事再度涌上心头，更加无法原谅对方的背叛，因而诅咒他的婚姻必将走向破灭。

"他跟我谈了4年恋爱，同居两年，感情这么稳固，都没提到结婚。跟另一个女人只交往一年就闪婚，一定会出问题！看着好了，等着收到他的离婚通知。"

天哪，实在是太恶毒了！Elle因为感情不如意，没有做好心理调适，把自己变成一个不快乐的女人，内心充满负能量，怎么劝她都没有用。问题是当她把这种心情带到职场，不幸自然会悄然而至，无声无息，而Elle竟然浑然未觉。一个不幸引发一连串不幸，有如屋漏偏逢连夜雨似地发生了，挡都挡不住。

Elle失恋后心情抑郁，因此看什么事情都特别有情绪，工作中也容易耍态度，对这件事不顺眼，对那件事有意见，无法心平气和地与主管好好沟通，几次让主管下不了台。主管便逐渐把事情分派给别人，不让Elle负责。Elle并没有警觉到这是风雨来临前不寻常的宁静，仍然我行我素。终于在一个可大可小的事件上被主管放大处理，难逃被开除的命运。

| 诅咒，不会提升自己的价值

这次是从职场离开，又是一次"分手"。Elle还是没有学到教训，依然用一样的思维逻辑，不离怨念与唱衰。

"我天天加班，有紧急任务就二话不说接下来，像我这种人难找了！"

"同事都在骂这位主管，我走了，其他同事也会跟着走，这个部门一定会垮！"

"你看，过去我一个人做的工作，现在要3个人来做，早知道加我薪水不就都省了！"

Elle的前东家是上市公司，因此她咬牙切齿地诅咒前东家的股价一定会下跌。当时的股价是82元，她斩钉截铁地说会跌到50元以下，要我买空赚一笔。结果两年过去了，股价涨破百元，涨幅约有60%，而且市场上的消息都指出这家企业前景看好。

至于Elle自己呢？离职至今近两年间，她换过两次工作，每份工作只做几个月，在每家新公司都出现了适应不良的症状。她的老东家越做越好，股价上扬；而她的工作却是越换越差，从大企业一路换至小公司，薪水下滑。

祝福，可以让过去变成"漂亮的资历"

公司是会自动学习的有机体，懂得从失败中吸取教训，避免下次重蹈覆辙，在发展中一定会越来越强壮，越来越成功。即使有些公司会逐渐走下坡路，症结也不在某一位员工身上，有可能是经济不景气、产业生态改变、新的竞争者加入或公司经营不善等原因造成的，绝不可能是由一名非关键性的普通员工可以决定成败的，尤其是大企业。

怨念、唱衰、诅咒前任或前公司变差，只会让自己的人生充满不堪回首的往事，做不到心无旁骛地割舍，活在不快乐中；相比之下，祝福才是更好的态度。

祝福他们吧，他们好，你会更好！让他们成为自己人生中一项"漂亮的资历"，给自己的未来加分。让别人一听到你就说：

"啊,你曾经是某某的女友,他很棒,你一定也很棒!""啊,你曾经在某某企业做过事,这家企业非常成功,你一定也非常优秀!"到时候,你就知道自己有多爱别人提起你的过往资历。

我们可以成为今天的自己,请感谢所有的"前任"吧,是他们给我们经历,让我们学习与成长,不论过程是快乐还是痛苦,毕竟我们勇敢地走过。

【采取行动】

面对被前任"抛弃"的委屈,你可以这么做——

一切都是最好的安排,有本事的人不会自觉委屈,而是采取行动。曾经不愉快的人与事都是一份礼物,心存感恩,谢谢它们带来的历练与成长,成就了今天的自己。

有时候离开只会让自己受伤

　　对工作怀抱理想与热情的人，最容易受挫。他们一直在寻找理念相合的雇主，愿意为其竭尽所能，贡献所长，一展抱负。可是事与愿违，通常碰到的都是与他们理念不合的人，让人痛苦不堪。其实，你不必这么委屈……

最近，公司来了一位应征者，34岁，换了7份工作。问起他每份工作的离职原因，说来说去都是一个答案——他和老板的理念不合。

因为理念不合而离职的人，3成企业不会录用

"第一份工作，是对主管的管理风格有不同看法，他觉得要事必躬亲，我认为要充分授权。"

"第二份工作，是对老板将业绩奖金制度改来改去有意见，这样我们会失去冲刺的动力。"

"第三份工作，是对经营客户的理念有出入，老板认为客户先骗进来再说，我觉得这样事后争议大。"

还没讲到第7份工作，面试官就晕了，听不下去了，担心此人被录取后戏码会重演——因为理念不合而再次离职。面试官认为这个人意见太多，忧心地说："他抱怨老板和主管难以相处，我怎么就觉得他更难相处？"

事实上，经人力银行调查，在面试时说离职原因是与老板或主管理念不合的人，有3成不被录用，足以显示企业对于这种说法

心有余悸，不想重蹈覆辙，误用理念相悖的人，搞得公司鸡飞狗跳、乌烟瘴气。

因此在面试时，"和老板或主管理念不合"绝对不是一个好的离职原因，倒不如说"另有职业规划"来得安全。虽然这是一句空话，倒也无争议。

搞清楚是理念不合，还是频率不对

不过和老板或主管无法愉快共事，不一定是理念不合，有可能是频率不对。这两者完全不同，前者是对事，后者是对人。对事还有得救，对人就比较棘手。

倘若主管看到别人眉开眼笑，看到自己脸就耷拉下来；倘若主管在工作分配、绩效考核或升迁加薪上有两套标准，对别人用A套，对自己用B套……很明显，这就是在针对个人。原因有两种：第一种是自己的行为需要调整；第二种是彼此频率不对，让主管或老板出现无意识的偏心。

一般人碰到这种对人不对事时，会大呼不公平。请注意，这是小学生向老师告状时的用语！既然已经成年了，就要懂得人生本来就是不公平，主管或老板喜欢别人却不喜欢你，事实就是这样。可是你有选择的权利，选择怎么让他也对你偏心。如果该做的努力都做了，仍然天不从人愿，就选择死心，彼此都放过对方。

理念不合还有转圜的空间，频率不对真的是天注定没得谈。若硬要为此改变自己的个性与行为，只会觉得人格扭曲且委屈受气，还不如离职他去。换个环境，一切重新开始吧！

理念不合，公司才会进步

至于理念不合，只要不涉及违法或违背道德，一切都好谈，可以再议，不是必然要下成一盘死局。

和主管或老板的理念不合，根据人力银行调查，有6成的人选择不沟通，私底下勉强配合或消极抵抗。严格说起来，这6成的人不能说是理念不合，因为从头至尾，主管或老板根本没听过他们说出自己的理念。

另外4成的人会将自己的不同理念表达出来，如果想要做这类敢于谏言的英雄，就不要让自己变成革命不成便成仁的烈士，不妨先理解以下3个基本概念。

1. 理念不合是应该的

因为老板或主管的位阶高,信息就会不对称;责任重,考虑就会不同;经验多,方法就会有差异……在这些原因下,如果理念还和员工相同,就没有资格坐在这个位子上。硬是要求彼此的理念相同,其实是自己无理,不是主管或老板专断独行。

2. 理念不合才会进步

理念不合不是毒蛇猛兽,不必急着消灭它们,反而要承认它们的存在,拥抱它们带来的进步。一家公司里有一些理念相悖的人,不要当他们是恐怖分子,也许他们会带来不同的意见,以及超越现状的改变。

3. 不采纳意见很正常

公司的经营成败责任是由老板或主管扛起来的,在努力沟通之后,不要妄自尊大,觉得自己的意见比较重要,必须被采纳,不合己意就认为主管笨或老板蠢,不如自己优秀。

对于任何一个有想法或有经验的上班族来说,与老板或主管理念不合是很普遍的事。身为一个专业人士,应该适时提出;但是如果企业文化不鼓励勇敢表达，也可以沉默以对，却要保持高度的警觉。如果公司因为忠言逆耳，经营方向不对，出现业绩衰退的情况，就要有另择良木而栖的准备。

即使如此，在面试时仍不建议回答"和主管或老板理念不合"，因为这个答案不会给自己加分，反而给对方带来疑虑。要么被贴上"异议分子"的标签，要么被人认为不善于沟通说服，还不如换一个无关轻重的理由会更安全。

【采取行动】

面对理念不合的委屈，你可以这么做——

因为理念不合就离职，一定找不到理想的工作，有本事的人不会自觉委屈，而是采取行动。不仅接受理念不合是职场的常态，而且视其为进步的动力，并用绩效让公司潜移默化地改变，这才是有实力的表现！

我们都是主动选择了一种生活

从澳大利亚打工度假回来,一时之间无法适应家乡的职场——工作辛苦,压力巨大,薪水却不高,保证不了生活质量,也存不下钱,怀疑这样工作下去有什么意义?其实,你不必这么委屈……

同样是工程师，同样是到澳大利亚打工度假①两年，同样是赚了100万回家乡：一个人无法接受低薪的现实，一直心有未甘，待业半年还在犹豫下一步要怎么走；另一个人认清现实，不受薪资束缚，务实布局，5年后薪水涨了一倍以上。

一样的起点，不一样的终点。这种情况不会只发生在30岁，以后的人生将会多次碰到。是否能不断创造"第二次曲线"，拉出下一个高峰，将决定你是赢家还是输家。

打工度假后，无法适应台湾低薪的现实

3年前，Brian退伍后，在一家大企业做了两年品质保证工程师，月薪4.3万元。毕业于私立科技大学的Brian，人生际遇很幸运，同学都很羡慕他的薪资水平，但是他不满意。他觉得房价一直飙升，物价一直上涨，4.3万元的月薪根本无法让他过上有质量的生活，于是毅然决然离职，到澳大利亚打工度假两年。

---

① 打工度假是一些欧美国家流行的现象，这些国家的年轻人完成学业后，在开始正式工作之前，大约用一年时间到国外旅行，在此期间在当地打工赚取生活费用。

一如所愿，两年后Brian带着100万元的存款回到台湾。可是时隔两年，台湾的就业市场不景气，工作难找。按他的学历与工作经历，找到的工作月薪都不到3.5万元，这让在澳大利亚领惯了6万~8万元月薪的Brian无法接受。

待业半年后，Brian心有不甘，想趁着未满30岁（还差一年多），再去澳大利亚打工度假，多赚一点钱。可是父母对此有不同意见，他们认为Brian好高骛远，都是打工度假把他的胃口养大了，无法适应台湾的现实，现在眼高手低，拿不了低薪。

父母问Brian："别人可以领3.5万的月薪过日子，你为什么就不行？"

Brian回答："现在连月薪3.5万的工作都不好找啊！"

父母说："都是你要去澳大利亚打工度假，把一份好好的工作弄丢了！"

Brian回答："可是我赚回了100万啊！在这里哪能存到这么多钱？"

父母与Brian陷入无限循环的争吵里。Brian看着日历一页页被撕去，30岁大关一天天逼近，因为不能再次前往澳大利亚打工度假而焦躁不安。

他整个人完全迷失了，不知道自己是要马上去澳大利亚打工度假，再捞一年的钱；还是留在这里，找一份月薪三四万的工作，就这样过完一生？

▍打工度假后，不能接受工作与生活无法平衡

"曾经去打工度假的人，回来找工作都要找很久。"一位28岁的上班族谈起他的同学和朋友，经过打工度假回来之后，求职的心态会出现明显变化。他说："即使找到了，也要适应好长一段时间，要换几份工作才能安定下来。"

除了薪资的落差大之外，Brian也羡慕澳大利亚的工作与生活状态，他觉得那才是人生！下班之后，他和朋友们坐在长廊上，望着无际的草原，和风徐徐吹来，喝几口啤酒，东南西北地聊天，身心放松，好不惬意！大家做的都是体力工作，无须用脑，步调缓慢。虽然身体劳累，可是单纯的动作却充满了"疗愈感"！

回到家乡，工作时间长、压力大，整天8小时对着机器和仪

器，身心紧绷。虽然厂区也提供健身设备和游泳池，Brian却觉得冰冷而虚假，只能钻回宿舍，宅在房间里上网或玩游戏。

"当我知道什么是美好的生活之后，很难再回归这种机器人生。"

Brian的人生，从澳大利亚回来之后完全卡住了，像坏掉的电影从此定格，没法向前看，只能倒带回看，看到的都是旧画面。

怀抱梦想，做自己热爱的工作

与Brian的不适应相比，Sean则是另一个典型。

Sean去澳大利亚打工度假之前，在大企业担任制程工程师，薪资4.8万元。在澳大利亚的两年里，Sean不仅赚到了第一桶金，而且想清楚了自己的志向——他希望写作可以让他既赚到薪水又收获快乐。

回来后，由于缺乏相关背景，Sean先从薪水微薄的出版社切入，用尽办法自我推荐，终于争取到一个出版社编辑的职位，月薪2.3万元。

作为台湾清华大学理工硕士的Sean这时已经31岁了，却满怀感激地接下工作,认真勤奋地做事,闲暇时则从事创作。做满一年之后,转战网络经营社群。由于他表现优异,月薪从2.8万元升至3.8万元。

又满一年之后,Sean再跳至新闻网站,做新闻编辑,月薪调至4万元。最后换到目前这份工作——一家农场网站的主编,凭点击量领取奖金,每个月薪水加奖金不低于5万元,多的时候还领过8万元。

屈指一算,5年过去了,薪资从2.3万元起,到现在增加了一两倍,远超刚回来时的期待。Sean心满意足,他做的是喜欢的工作,薪水比担任制程工程师还高,让他充分体会到"梦想,原来也可以喂饱肚子!"

澳大利亚只是经过,不是终点

不过,同学与朋友最好奇的,仍是当初Sean怎么舍得放弃薪资近5万元的大企业工程师工作,远赴澳大利亚打工度假;回来后,又不恢复原职,而是屈就月薪2.3万元的小编辑工作?

一个人在北部工作与生活,Sean的吃住负担沉重,可是

Sean认为年轻时吃苦是必经的历程，因此才会去澳大利亚当杀牛的屠夫。而不同的文化震撼让他明白，人生的目的是追求快乐满足，因此一定要做让自己开心的工作。

至于薪资，Sean认为起薪低只是一时，勤恳努力并拿得出成绩，薪资不会低一辈子。而且他深信，工作是越换越好，越待则越呆，所以一定要有策略与布局，通过跳槽才能不断向上调薪，从低薪困境中跳出来。

"澳大利亚只是我人生的一段岔路，风景再美，还是要走回原来的路。"Sean说，他从未留恋澳大利亚的高薪。"杀牛不是我这辈子的志向，赚再多的钱都不是我人生的终点。"

在澳大利亚，Sean只是过客，无法展现才华与价值。于是他转换跑道，降低薪水，尝试一切改变，不断突破、不断成长，追求职业规划的第三次曲线，再创第三次高峰。一步步奔向梦想，得到的回报是脱离低薪，拥抱更大的舞台。

做你没做过的事，叫做成长！做你不敢做的事，叫做突破！做你不愿意做的事，叫做改变！

打工度假结束后，Brian与Sean的命运不同，原因就在于这三种个性不同。

【采取行动】

面对整体劳动环境不佳的委屈，你可以这么做——

比对发达国家的工作环境，不能适应中国台湾地区的低薪高压，有本事的人不会自觉委屈，而是采取行动。认清自己最终要在一个专业领域落地生根，脚踏实地，一步步往上爬，才能赢得真正的未来。

你的位置不在戏棚下

很多人工作时看似认真负责,其实只是在当奴工,没有做自己的主人。他们是自己职业生涯的观众,不是演员,还一直抱怨自己怀才不遇,为什么没有演出的机会?其实,你不必这么委屈……

有些俗谚，隐含着人生智慧，但如果不深究其中的道理，有时反而会被误导。例如，"戏棚下，站久了就是你的"这句俗谚，很多人的真实经历却并非如此，而是得出了完全相反的结论："戏棚下，站久了也不是你的"。对于这句跨越不同时代的俗谚，理解怎么会出现这么大的偏差？

这句俗谚你没读懂

很多人乍看这句俗谚时，都将重点放在"站久了"3个字上，而漏掉了"戏棚下"这个关键词。既然身在戏棚下，自然讲的是观众，而不是演员；可是在人生的舞台上，人人都是台上的演员，并不是台下的观众。因此这句讲观众的俗谚，根本无法套用在人生里。

即使是当观众，这句俗谚背后的意味也让人悲凉。想想看，什么时候前面的人潮会散去，让站在后面的观众有机会挤到前面更好的位置看戏？如果是一出好戏，前面的人潮怎么会舍得散去？站久了，不是等到一出烂戏，便是已经接近尾声。这样的戏不值得付出时间，痴痴地站到天荒地老。

可惜很多人不深究这句俗谚的道理，**每每走到人生的十字路口，在需要做选择时，不想勇敢地做出任何行动，就把"戏棚下，站久了就是你的"这句话搬出来自我安慰，仿佛充满了过来人的智慧，其实不过是自我欺骗罢了。**

错用这句俗谚，就会等来错误的人生结局。

等了3年，怎么不是我

35岁的Claire是部门里资历最深的员工。3年前部门主管离职，Claire自我评估，认为自己的资历最深，这个主管的空缺一定会由自己补上。于是她等啊等，一等3年过去了。在这段等待期间，Claire除了做自己分内的工作之外，还要处理主管的工作，等于是暂代主管一职。这种态势任谁看来，都会认定Claire是升任主管的不二人选。

2017年年初，这个职位空缺终于拍板敲定，但是"新娘不是我"——Claire未被拔擢，而是从外部空降了一位主管。这个噩耗让Claire濒临崩溃，同事也万分不解，纷纷替她打抱不平，打算联合排挤新主管。大家傻傻地以为只要新主管走人，Claire就会被扶正。

就像被医生突然宣告罹患绝症的病患不断追问"怎么会是我"一样，Claire反复琢磨的是"怎么不是我？"可是她一如之前3年的态度，并未直接找老板问清楚，也没有流露出内心的不满不快，只是在私底下自怨自艾，与同事相互取暖。而老板好像浑然不知Claire的心情感受，并没有找Claire闭门深谈或加以安慰。

结果，你猜怎么着？

半年过去了，Claire还是留在原来的岗位上，新主管却越做越顺手，事态的发展完全不像老同事预想得那样。时间久了，大家逐渐淡忘了Claire内心的伤痕，不再将她视为接替主管的潜在人选。戏棚下站了3年，也不过是一场空。

| 此处不留爷，自有留爷处

15年前，45岁的Eugene也遇到过类似的问题，他的反应与做法和Claire完全不同。同样是部门最资深的员工，同样是努力认真，同样是主管出缺却悬着不补，Eugene却认为不应沉默以对，他直接敲开老板办公室的门，了解自己有无可能升为主管。得到的答案是这个缺不补，将由老板亲自接管。

又做了3个月，Eugene认为老板没打算升他当主管，在这家公司工作没有发展前景，于是毅然决然地递上辞呈求去。后来他转入演艺圈做戏剧，从编剧一路做到制作人，几部偶像剧在大陆大卖，事业成功，钱包鼓鼓。回首来时路，Eugene庆幸自己没有傻傻等下去，而是勇敢跳离僵局，做出改变，这才迎来事业的第二春。

Eugene说："我是拍戏的，最懂'戏棚下，站久了是你的'这句俗谚的真正含义，它是在说台下的观众，而不是说台上的演员。若换作是演员，这么苦苦站下去，青春都没有了，那里还有戏可演？"

离开前东家一年后，Eugene发现自己渴望的主管一职的确一直空着。又过了一年，前东家垮了。Eugene这才明白，公司早就经营困难，老板不补缺是为了省下一份主管的薪水，和自己是否具有管理能力并不相关。他不禁拍拍胸脯说："还好，没有继续等下去，否则等到最后不仅是主管的职位没有，就连公司都没了。"

你想当观众，还是当演员

前面的两个例子，反映出两种心态。

1. 观众心态

Claire虽然想当主角，却一直做彻头彻尾的观众，守在台下默默等着，对于自己的职业规划采取被动应对，不敢争取权益，也不敢表达企图心，任由公司支配。说真的，老板不升她当主管是正确的决定。

2. 演员心态

Eugene也想当主角，于是便跳到台上当演员，抢不到主角就换舞台，结果让他找到更大的舞台，也真的当上了主角，发光发热，功成名就。这样的人勇敢果断，不只是当主管的格局，还具备开创者的素质，注定要打出一片天。

在人生这个舞台上有两种选择：其一，守在台下当观众，将自己的人生交给别人决定，这样的人在台下站得再久都是徒劳；其二，跃上舞台当演员，自己的人生自己演，这样才有机会从跑龙套变成当主角。

所以面对人生的抉择时，重点不在于等待的时间，重点在于心态与观念。心态错误，站得再久也只不过换来腿酸脚痛罢了，曲终人散,剩下一个观众还有什么意思呢?

【采取行动】

面对机会落空的委屈,你可以这么做——

职场也是舞台,站在戏棚下当观众,一定不会有演出的机会,站得再久也没有用。有本事的人不会自觉委屈,而是采取行动,跳上舞台,扮演一个角色,就算一开始只是跑龙套,只要表现好,就有机会当主角。

在错误面前,自尊一文不值

　　自尊心强的人追求完美,不允许自己有任何弱点、做事有丝毫瑕疵,期待赢得别人高度的赞许。所以当批评出现时,常常就会玻璃心碎一地,阻碍进一步发展。其实,你不必这么委屈……

一个人的心，可以塞满各式各样的东西，无论是好的还是坏的，如自尊、自信、谦虚、敏感……就是不要被某一样完全塞满。也就是说，你的心不应是花田，而应是一座花园。

花田只种一种花，花园则是每样都种一些。每个季节都有美丽的花次第开放，都有一番风景可以欣赏，春夏秋冬皆是美景，有四季变化的花园才是最好的"心境"写照。

自尊心是助力也是阻力

办公室里有一种人，大家最爱与其一起共事，同时也最害怕与其一起共事，那就是好强的人。他们的心田里只种一种"花"，那就是满满的自尊心。这种人能力强，自我要求高，绩效最优，却可能最难以沟通协调、转弯改变。他们本来是企业前进的助力，最后也极有可能变成阻力。

Morgan退伍后5年内换了两次工作，30岁的他顶着名校商学院毕业的光环，自尊心强，认真努力且使命必达，绩效非常好，可是一直无法升迁。他不理解也不服气，就用跳槽的方式力求突破，追求下一个有升迁发展的舞台。

跳到第三份新工作，主管观察他一段时间后，便放手让Morgan自由发挥。他自己也满意有独当一面的机会，将想法付诸实行，充满了成就感。同事也乐于与Morgan合作，因为Morgan总会在期限前交差，而且正确无误，让团队成员都感到轻松愉快。对于这份工作，Morgan认为自己唯一要做好的事是"每个月交出漂亮的报表，一定会有升迁的机会！"

如果事情发展顺利，Morgan的表现可以说毫无瑕疵，完美极了；相反，如果工作进展不如预期，Morgan就像被踩到尾巴似地情绪大爆发。前后判若两人，让同事与主管吓一跳，无法适应Morgan的另一面。

是自尊心，还是玻璃心

有一次，老板注意到广告费激增，希望相关部门讨论改善，其中也包括自从Morgan到任后，"关键词"的花费增加了一倍。主管便找他商量，请他想办法将费用降下来。不料Morgan认为这是对他个人工作能力与人格品德的"指控"，公司费用控制不应该从绩效最佳的他下手，这样不仅不公平，也搞错了对象。

"公司是在怀疑，做'关键词'广告时，我都在乱花钱吗？如果是这样，可以啊，我只要少开发客户，'关键词'的费用就会省一半。"

Morgan把节省广告费这件事，理解成老板在责怪他乱花公司的钱，内心塞满不以为然，听不进主管的任何建议，也不想做任何改变。因为如果有所改变，便证明Morgan之前的做法有瑕疵。

两个月之后，老板发现只有Morgan没有任何改善，便找他谈话。谁知道Morgan这样回应："到公司以后，我尽忠职守，想办法完成各项绩效目标，没有任何缺点可以挑剔，我不懂公司为什么要怀疑我在广告费上动手脚？如果我这么不足以让公司信赖，立刻辞职算了。"

自尊心成了阻碍升迁的致命伤

老板阅人无数，马上明了Morgan的问题所在：自尊心太强，以至于过度敏感，才会出现过度的情绪反应。即使老板再爱才，愿意包容Morgan的言行，仍然在心里给Morgan打上一个大叉。

老板说："名校毕业，代表IQ（智力商数）高，可是一旦自尊心太强，在EQ（情绪商数）与AQ（逆境处理智力商数）的表现上就会差，不足以担负重任。"

后来，Morgan在第三份工作中仍然未能如愿高升，他始终不知道问题出在哪里。在不服气的心态下，一年之后Morgan再度离职跳槽。

自尊心强的人都是完美主义者，不允许自己出现一点瑕疵，这在绩效表现上绝对是个优点。可是**当自尊心强过了头，在人情世故上就会成为弱点。它会让你走向一个人的孤绝，遇事容易走极端**，不懂回转。人生在不断放弃与再次出发中跌宕起伏，打拼的过程注定会倍感辛苦。

这种人的能力强，也肯为了目标付出努力，最终如果无法有一番成就，不只是不成功而已，还会极度不快乐，郁郁寡欢一辈子，令人心疼与惋惜！

有批评才有改善的机会

在职场上，每天每件事都处于变化之中，没有标准答案。立场不同，角度就不同，观点也会不同。听取来自其他人不同视角与不同立场的意见会变得相对重要，可以让工作更细致周全，不易出错。

可是，自尊心强的人把自我无限放大，认为别人是对人不对事，针对自己而来。不同的意见会被解读成不认同自己的想法，提出改善会被理解为不满意自己的表现，什么事都会多心多想，敏感脆弱，容易受伤，最后变成谁也不敢接近的刺猬。

当别人因此而闭上嘴，不再提意见的同时，等于也关上了各种机会的大门，这使得自尊心强的人改进的空间不大，来自他人的助力也小。这样的人，在漫长的数十年的职场马拉松过程中，即使能力再强，最终都会被甩到队尾去！职场上也有"个性决定命运"的说法，最令人惋惜的往往就是这种悲剧英雄。

你是不是自尊心太强的人？如果老是出现以下情况，就算是！请提醒自己缩小自我，在心田里除了自尊心之外，也种点别的"花"，如真正的自信与谦虚。

- 我这么聪明与努力，升迁的为什么不是我？
- 每次被主管训两句，我就久久无法释怀，甚至会崩溃大哭。

- 当别人给我提意见时，我注意到他们总是小心翼翼地遣词用句。

（我好像看到不少人在点头，说："是啊，我就是这样的人……"）

【采取行动】

面对被批评的委屈，你可以这么做——

自尊心强的人，也是最脆弱的人。面对别人的批评和意见，有本事的人不会自觉委屈，而是采取行动。一定要分析观点，就事论事，不要将其视为人身攻击，要强化心理素质，珍惜别人的建议，让自己有进步的空间。

CHAPTER

成长是一辈子的课题

你再也无法偷懒了,因为工作不是人生的全部,所以不要躲在工作的背后,而要探出头来,认真思考人生。最后你会发现,只有不断学习与成长,才是这辈子最重要的课题。让工作中的你更强壮,也让生活中的你更幸福。

随时为幸运做好准备

成功的人总是谦称自己是幸运的,一般人信以为真,以为成功的人比较幸运,而自己只是运气不佳,所以才未获得成功,就算努力打拼也是徒劳无功。其实,你不必这么委屈……

默默无闻也有爆红的一天！台北有一位警官名叫宋俊良，他有一双"鹰眼"。他在休假时破了大案，抢得头功，瞬间成为媒体注目的焦点。

第一银行ATM提款机遭盗领案的主犯安德鲁在东澳用餐时，被坐在邻桌的宋俊良警官无意中发现。他偷偷用手机调取照片进行比对，发现用餐者右眼上方的黑痣特征与嫌犯相符，于是赶紧向派出所通报，一举捕获安德鲁。

面对媒体访问时，宋俊良低调地说，他只是多了一份警觉，能立下大功，不过是自己"运气好而已"。

准备好的人，才能获得机会

对于社会大众来说，这位39岁的警官几乎默默无闻，网络上能查到的信息，只说他目前在台北市警察局公关科服务，担任议会联系人。

但他即使在休假，仍然保持高度警觉，遇事沉着老练，能具备这样的品格特质、敬业精神及训练有素的反应，已经不是靠运气，而是靠日积月累的练习，长期养成的工作自律。自律已经和他融为一体，内化成自身的一部分，当遇到突发情况时，所有操作只是不刻意的自然反应。因此他才认为不过是举手之劳，谦称自己只是运气好。

同样的机会，若发生在其他人身上，不见得会有好运气相伴。唯一能让你识别机会的，是长期养成的自律。

机会，常常不是以一般人期待的方式现身，即使它迎面而来，多数人仍然会与它擦肩而过。常言道机会是留给有准备的人的，你无法预测，不知道它会何时、何地、以何种面貌出现，不容易辨识。因此这句话倒过来说更切合实际，即"准备好的人才能得到机会"。

一朝成功之前，是默默无闻的努力

很多各行各业的顶尖人士接受采访时，经常千言万语一时不知从何说起，索性用一句简单的话总结自己获得成功的原因："我的运气比较好而已。"

可是深入探究，**其实运气在他们身上扮演的角色微乎其微；相反，长期努力，不怕困难，坚持不懈的自律，才是助他们到达**

成功彼岸的重要因素。

运气是一株向光的植物，永远朝向光源生长，这就是有些人总让人感觉他们的运气特别好的原因。因为他们本身是发光体，正向能量吸引正向能量，其实贵人并非别人，而是自己。有些人总是抱怨自己的运气差，认为时不我与、生不逢时，老是慢一步，与机会失之交臂。其实不然，只是因为他们一直站在背光处，运气才会背。

所有一朝成功、一夜致富、一夕走红的人，如果功成名就可以持续下去，那么这些夸张的"一朝、一夜、一夕"不过是为故事平添了传奇性。事实上，在奇迹发生的那一刻到来之前，他们默默无闻地专注工作、努力练习，扎实自己的基本功，不自夸也不炫耀，没有人知道他们的能量蓄积惊人，如同即将泄洪的水库。直到机会到来的那一天，过去累积的能量一下爆发出来，就会让外界惊叹："太神奇了，他究竟是怎么做到的？"

别去追运气，让运气来追你

努力一辈子，就在等待一个偶然。唯有努力的人认得出那个偶然，抓住它，让它变成机会。偶然就是偶然，不会经常发生，抓住它会令你具有不可思议的力量。因为不可思议又无法解释，所以经常把整件事说成是运气好，事实当然不是这样的！

田中耕一到了43岁，还只是一个基层的小职员。某天晚上，他在办公室接到一通电话，对方讲英语，田中耕一只听懂了"Nobel"和"congratulations"这两个英文单词。他心想自己也许是获得了什么奖，身旁的同事还取笑他是碰到了诈骗集团。没过多久，记者蜂拥而至，田中耕一才知道自己获得了诺贝尔化学奖。

田中耕一只有大学文凭，读大学期间还曾留级一年。毕业后，他应征过索尼（Sony）公司而未获录取，24岁进入岛津制作所（一家制造科学仪器的公司）上班。他一生没有换过工作，一直担任研究员。

28岁时，因为一个实验错误，田中耕一在偶然的机会中研发了MALDI（基质辅助激光解吸/电离），并发表了一篇学术论文。这篇学术论文让他在15年后获得诺贝尔化学奖，日本民众第一次知道有这号人物。

机会就像一阵风，永远和人们玩躲猫猫的游戏，没有人知道它藏身在哪里。你唯一能做的就是累积实力，做好准备，变成超强的发光体，吸引好运气，让幸运主动来敲门。

【采取行动】

面对运气不佳时的委屈，你可以这么做——

没有奇迹，只有累积，幸运不是偶然，运气好是因为刚好有机会碰到你的努力。有本事的人不会自觉委屈，而是采取行动，踏实地做好各项准备，等待幸运来敲门。

成为创造价值的人

薪资只分两种：一种是企业说了算，大多都是低薪；另一种是员工说了算，这些都是高薪，而且高达平均薪资的数倍甚至数十倍。所以谁拥有定价权，谁就享有高薪！还在抱怨薪资低吗？其实，你不必这么委屈……

抱怨薪水不高？不妨看看你手中的iPhone（苹果手机），高薪的秘密就藏身于其中。

苹果旗下的iPhone产品中，一部iPhone 6s plus扣除材料费与制造费，利润1.7万元，暴利惊人（刚上市时），可各大厂仍角力争抢苹果的加工订单，为了能分到一杯羹，杀成一片红海。但是有两家电子大厂却走自己的路，不仅拿到了订单，价格还由他们来定。这两家电子厂商就是台湾积体电路制造股份有限公司（以下简称"台积电"）和大立光电股份有限公司（以下简称"大立光"）。

大立光与台积电在世界级的强敌环伺之下，凭什么既可以抢到苹果的订单，又可以向商业至尊的苹果喊价，享有定价权呢？

理由无他，凭的就是独家技术。只此一家，别无分号，这就是令苹果不得不让步的原因。

什么是"定价权"？就是具备可以调涨价格的优势。

拥有独家技术，就有定价权

一般来说，3C产品（指计算机computer、通信communication和消费类电子产品consumer electronics，又称信息家电）刚问世的价格是最高价格，之后将会逐渐下滑。无论手机还是笔记本电脑，价格都是越杀越低，最后只有拼低价一条路可走。大品牌即使凭借质量与功能可以勉强支撑一阵子，最终仍然会越卖越便宜。因此台湾代工产业的毛利往往微乎其微。但大立光与台积电不同，他们反其道而行之，拥有定价权，足见其创新与研发的实力惊人。

在职场，有些人像大立光与台积电，在薪资上拥有定价权；有些人像其他代工厂商，薪资一路被追杀，不升反降，失去定价权，没有主导性。

尤其在经济增长停滞的今天，越来越多的人失去定价权，代表这些人越来越保不住自己在职场竞争上的优势。其中的关键，除了最重要的实力挂帅之外，就是没有做好个人的差异化。

在猎头公司当主管的周芳瑜接受媒体采访时，提到她观察到的一个现象：过去，人们每换一次工作，会有10%～20%的薪资成长，但是这几年不少人跳槽后薪资不动，甚至不升反降，特别是高级主管。因为外商在台湾的规模不断缩小，企业不免认为，用便宜的价格寻找降一级的人才就足以胜任。

不过即使如此,她仍然发现一个逆势操作的成功案例。一家科技大厂有一个财务长位置的出缺,原本开价年薪200万～230万元,最后签约时年薪300万元,硬是多出70万～100万元。这位价值年薪300万元的人才,无论人才市场是否景气,始终可以牢牢握紧定价权,像大立光与台积电一样。

不可替代,就拥有定价权

拥有定价权的人,首要条件是具备核心技能或关键技术,具有不可替代的价值。 在就业市场,只此一家,别无分号。企业若需要这类人才,就非用他不可,再也没有第二个人可用了。做到这个地步,已经不是"优势"二字可以形容,而是"绝对强势"。

可是在职场里,问起很多年轻人,他们具备哪些技能?得到的答案都让人忧心。例如:

"我不知道自己有哪些技能?"

"我不确定自己的这些技能是不是你们需要的?"

当这些年轻人工作一段时间之后,向公司提出加薪的要求,公司希望对方给出一个加薪的好理由时,若这样回答,可以想象得到的结果一定是被拒绝。

而一些中年主管离职后求职无门时，都以为是自己的薪水太高所致，于是降薪以求，结果还是被企业拒之门外。企业当然想要以较低的成本用人，可是如果不具备核心技能或关键技术，你身后永远有更年轻、更便宜的人才排队等着。不具有差异性的产品，在市场上不是赔钱削价，就是乏人问津，人才也是一样的道理。高薪不是问题，容易被取代才是败下阵来的主因。

改变策略，就有定价权

除了核心技能或关键技术，还要讲究策略，逆转局势。直线走，拿不到定价权，绕个弯可能就有机会。想要拿高薪，就不要再以生产为导向，而是以市场为导向，进行易位思考，了解企业的立场，满足他们的需求，解决他们的难题。

我的朋友Maggie今年45岁，孩子上小学需要家长督促学习，再加上她不想错过孩子的童年，于是有了换工作的想法。她的目标锁定在准时上下班且周休两日的工作，这样的工作不难找，问题在于她期望月薪不低于10万元，这就变得异常困难。

棋局走到这一步，好像陷入死局，但Maggie没有放弃，而是改变求职策略。她同时和两家公司谈，两边各付薪水5万元，合起来就满足了她的10万元标准。而两家公司也很高兴，按照Maggie的条件，不给10万元是请不来的，这下每月省了5万元，产值却一样，真是赚到了！

既然宾主尽欢，Maggie顺势提出不坐班的条件，两家企业也欣然同意。一方面，只付月薪5万元，却要让这位大咖天天来上班，说不过去；另一方面，Maggie负责的工作不需要在公司完成，有事来公司开会即可。

对于中年转业的Maggie来说，薪水没减少，时间更自由，还拥有两份不同的工作资历，一举三得，比原先期待的条件还优厚，她也着实乐坏了！

从Maggie的例子来看，这个策略之所以行得通，还是要回归实力本位，有实力的人才有定价权，才能追求策略。想在谈判桌上谈条件，没有实力的人没有这个资格。

如果你还在抱怨薪水低，原因是在于你没有实力，没有定价权。而所谓的实力，指的是具有不可替代的价值，这是由核心技能或关键技术决定的。

【采取行动】

面对没有定价权的委屈，你可以这么做——

薪资不高，调薪总是没你的份（就算有，也少得让人心酸），理由只有一个，因为你太普通！有本事的人不会自觉委屈，而是采取行动，建立个人的独特卖点，以获得不可替代的价值。

上班身不由己,更要用假日拯救自己

打工时代来临了!只做一份工作,根本无法养活自己,也无法过上有质量的生活,必须兼第二份差,因此在工作时间之外打工或接项目变得非常普遍!可是卖时间的工作,薪资仍然少得辛酸。其实,你不必这么委屈……

"特休假,才是劳工休假问题的核心!"

2016年10月3日,蔡英文召开高层会议,针对劳工休假做出一些决议。媒体大幅报道,焦点都集中在眼前的休假制度上,如一例一休和公众假期等,但对于资浅劳工未来会增加特休假却较少着墨,而这一点却是我认为最具新意的部分。

最近纷纷扰扰的公众假期究竟有几天并非核心,蔡英文说,真正要关注的是劳工的休假日是否足够。由于台湾的产业特性、中小企业寿命短及劳工的年资偏低等原因,劳动保障相关规定要求的特休假根本是"看得到却吃不到"。

▎那是老人家过日子的方式

无论是周休两日、一例一休,还是特休假增多,最终的结果一定是休假日越来越多,这样就轮到作为上班族的我们要认真思考:"这些不用上班的时间,可以用来做什么呢?"

很多年轻人的第一反应是"休息啊""睡大觉啊""无所事事,完全放松啊""去旅行啊""看看电影、吃吃饭、和朋友聚一聚啊"……

当然，做这些事也可以，但是每周这样做、每月这样过，总有一种似曾相识感——家里的爷爷奶奶才这样在过日子！二三十岁的年纪，也这样度过人生是否会有点不好意思呢？

正值青春年华、意气风发的年纪，多数人心里会想，应该做一点不一样的事，让自己在未来拥有更多的回忆；或者鼓励现在的自己探索出另一条路，也许人生会更有意义、更有价值，活得充实又有滋味吧！

那么，何不试试看，让梦想起飞？

还记得内心角落里的小小梦想吗

对于多数人而言，工作就是工作，它是一个饭碗，只图个温饱；或在社会上取得一个定位的立足点，换来身份和地位，没有其他意义。谈不上自我实现，也无法完成梦想，更不是灵魂的归宿。虽然有薪水、有职衔，还有小确幸，可是心里老是虚虚的，不甘心就这样过一生，总觉得辜负了内心角落里蒙尘的那个小小梦想。

以前没有周休两日，加上老板要求责任制，每天没日没夜地加班。到了假日当然是四仰八叉地好好补觉，充分放松休息，否则真是对不起自己。

现在不一样了！几乎马上全部周休两日或一例一休，而且因为相关部门检查频繁，老板被罚钱罚到怕，通常不敢公然要求责任制，于是员工突然之间多出不少不用上班的时间。除了用来放松休息或休闲娱乐，或许也可以唤醒内心角落里那个蒙尘的小小梦想。将它拿出来，掸一掸，认真地正视它。

我有一个朋友雕刻顶级佛像，一尊家中供奉用的佛像最少三四十万元起价，无论品质还是销量，在海峡两岸都是首屈一指。2016年，他还在米兰赢得金奖，绝对称得上是"台湾之光"。不过，这个佛像事业却是从他做公务员的爸爸手中传承下来的，也就是说，是他爸爸利用下班时间一手打造的。

当年他爸爸因仕途不佳，而抑郁不得志。但是他热爱艺术，下了班就在工作室里作画、雕刻，知名画家李泽藩（李远哲之父）时常出入他家。做着做着，经常有人来求佛像，慢慢雕刻佛像变成兼职，退休之后则扩大成事业。

"我一开始并没有想到，一个下班后的兴趣，最后可以变成一项事业。" 老人家已经80多岁了，他虽然行动缓慢，但仍然保持着旧时乡绅的派头，在领口打个蝴蝶结，戴上鸭舌帽，恍若从老电影里走出来的艺术家。

变成达人，既实现梦想也能赚到钱

其实，与老人家相比，我周围的年轻人也毫不逊色，下班后的生活比上班还丰富精彩，而且名堂之多、创意之新，每每都让我惊喜万分。

Kevin上班时是一名业务员，下班后是冲绳旅游达人，专做冲绳自由行的旅游策划，还在脸书上经营粉丝团。他为客户规划一次出行，收费5000元，从吃住到租车全部包办，而且无须陪游，一切都通过网络遥控。2017年7月，他告诉我，在那个时间点就有5个自由行在冲绳当地旅行。算一算，当月进账可能会有3万元。

Catherine是一名高中老师，先生在大学教书，两人都喜爱旅游，专攻欧洲铁道之旅。他们不只出书，还在暑假带团，带大家实地体验。由于他们不以营利为目的，收费便宜，加上是深度之旅，2016年有45人参加，2017年人数增加了3倍，而2018年的团早在3月时便报名额满，热门到要分成前后两个团。

休假日多了，有大把时间，可以做的事很多。把自己变成不同领域的专家达人，完成梦想，奉献自己，还能赚到钱，一举多得！你何不尝试一下呢？

【采取行动】

面对一份薪水不够开销的委屈，你可以这么做——

上班族的决胜点不在上班时间，而在下班后。当加薪越来越困难，有本事的人不会自觉委屈，而是采取行动。利用兴趣，创造适合自己的工作，做出有特色的商品或服务，赚取第二份薪水，也为人生引入活水。

离职的理由永远是为了自己好

　　一般人以为,只要是离开,都是无奈的决定。比如离职,一定会有人受伤,通常是员工在权益上受损、薪资不合理或成为恶斗之下的牺牲者,充满了悲情。其实,你不必这么委屈……

于美人离开主持了16年的招牌节目——台湾JET电视台的"新闻挖挖哇",再度成为娱乐版头条的新闻人物。她在脸书粉丝团表达了自己的不舍与感谢,并表示能理解并体谅这个最终安排。谁都听得出话中的弦外之音——离职并非她的本意。

后续的媒体追踪报道,也直指于美人的主持人一职是被动撤换,起因是她即将在香港TVB电视台晚间8点新开一档名为"国民大会"的节目。JET电视台认为,新节目与"新闻挖挖哇"雷同性太高,都属于新闻性谈话节目,并且是同一位主持人。如果"新闻挖挖哇"还放在旧时段(晚上11点)播出会吃亏,于是要将播出时间提前至晚间8点硬拼,结果就会演变成于美人"打"于美人。因此JET电视台希望只留下郑弘仪继续主持,至于女主持人则另觅人选。

利益当头是不讲情分的

站在JET电视台的经营立场,这么做无可厚非,但媒体报道却变成于美人是因被撤换而被迫离开,我个人认为这种说法有待讨论。

对于美人来说，最完美的结局当然是两个节目同时握在手上，可是当情势逼得她不得不二选一时，她选择TVB电视台而并非JET电视台，这是理性考虑战胜了16年的情义。换作任何精打细算的人，都会做出和于美人一样的选择——选择强者，放弃弱者。JET电视台因此必须重新面对节目的各种不确定性，包括主持换人、时段变更……严格说起来，JET电视台才是受害的一方。

所以离开主持了16年的节目，是于美人经过100%绝对理性的思考后做出的决定。她选择"西瓜偎大边"（俗语，指投靠更有权势的一边），以及名与利的极大值。

无论结局如何演变，这都是一段过眼烟云，睡一觉醒来就会被人遗忘的新闻。作为喜爱"新闻挖挖哇"或于美人的观众，只能乐观地想，危机就是转机，改变总是好的，无论对节目还是于美人都给予深深的祝福。

不过，从这次名人的离职事件中，让我们认识到职场上存在着一个永远不变的残酷事实：无论你多努力勤奋、牺牲奉献、愿意为热爱的企业流血流汗、拿命来拼，也有可能遇到被遗弃的一天。无论背后的理由多无奈（像JET电视台被迫放弃于美人一样），这件事依然会发生。作为上班族一定要有心理准备，不可掉以轻心，以免到时候措手不及，像于美人突然被告知一周后主持人一职要被撤换一样。

离职与否是一场利益的计算

从JET电视台与于美人的选择结果，我们也要领悟另一个职场真相——离职绝对是自私自利，少有讲情分的。**无论个人还是企业，在面对离职时，都是充满心机、经过计算，而且想要获得利益极大值的结果。**至于情分，不过是事后冠冕堂皇的说法，听听就算了，别当真，别相信，别放在心里。

我有一位朋友被另一家公司挖墙脚，对方开出高于目前薪水50万元的年薪，谈了3个月之后，他却选择留在原公司。我们问他留下来的原因，他的回答是"老东家一直留我，我对公司有感情，也觉得还有未尽的责任，所以决定留下来继续打拼，帮公司实现目标"。

他说的满口仁义道德，就是没有说老东家给他加薪30万元，虽不满意，但仍可接受。因为新公司的未来充满不确定性，而且听说新公司的老板待人苛刻，也不知道新工作可以做多久。继续给老东家打工虽然年薪少了20万元，但是领得久；新公司年薪多20万元，却前途未卜。他想了又想，算了再算，决定选择收入稳定、工作熟悉的老东家。

这些盘算只能藏在他的心里，除了少数朋友之外不会有人知道。可是如果据此相信他的"官方说法"，就会被误导，误以为离职要有情分、要讲道德、要以公司的需求为优先，却忘了自己的人生目标，其实这是错误的离职观念！

离职，就是要追求自己的利益极大化

离职时，每个人考虑的关键因素不同：有人看重薪资，有人看重稳定，有人看重发展，有人看重工作氛围，有人看重合乎兴趣，有人看重追求理想……这些都是自己渴望从新工作中获得的利益，在理性思考之后做出选择、决定的结果，一定是100%绝对利己，即全然的"自私自利"。这种离职，是为了追求更满意的工作质量，健康且值得鼓励。

最令人忧心的离职，是因为别人的理由，而且是在非理性的考虑下做出的选择，并未给自己带来利益上的极大值。例如，讨厌主管的行事作风、不满公司的规章制度、与同事人际关系不合……因为种种别人的理由，被迫做出离职的决定。这种离职不健康，也不值得鼓励。

离职的理由，对外可以有千百种说法，但是内心一定要笃定地知道，唯一的理由是自己想要追求更好的工作，其他都是假的。

【采取行动】

面对不得不离职的委屈，你可以这么做——

离职是一件开心的事，不要自认为是受害者，因而在离职过程中受伤。有本事的人不会自觉委屈，而是采取行动，全盘考虑，做出对自己最佳的决定，离开时充满喜悦，快乐地奔向下一份工作。

快乐生活是终极的追求

对于怎样度过人生,新世代有自己的想法。他们不想退休之后才开始享受人生,而要边工作边追求梦想。可是企业不这么想,责怪他们过度自我、稳定性低,让人有一种不被理解的沮丧。其实,你不必这么委屈……

离职，开始出现微妙的转变，离职的理由变得快乐和自我。

因为对薪资不满、对主管不爽，所以要辞职，带着怨恨离去，这种情况仍然存在；但是有越来越多的年轻人是因为要去做快乐的事，所以要辞职，他们是一路吹着口哨离开的。

因为工作无法保持正常作息、没空和家人相处，所以要辞职，去找另一份准时上下班的工作，这种例子还是不少；但是有越来越多的年轻人是为了完成属于自己个人的阶段性任务而选择离职，离职的原因和工作一点关系都没有。

心委屈了，所以要离职

马云说，员工离职的理由林林总总，只有两点最真实：钱，没到位；心，委屈了。这两点归根结底就一条——干得不爽。员工临走时还在费尽心思找靠谱的辞职理由，就是为了给老板和主管留面子，不想说穿你的管理有多烂，他对你已经失望透顶。仔细想想，真是人性本善。

一般人之所以要离职，一定是工作中存在不愉快的因素，大企业还为此安排离职恳谈，以了解员工的离职原因。因此在网络上,经常会看到一些专业人士教大家怎么说一些得体的离职理由。可是,它们都不如一些"最牛离职单"来得疯传,里面尽是一些"离谱"的辞职理由,内容让人拍案叫绝。

回家减肥,找不到另一半……都能成为离职理由

重庆市一位24岁的女性,因为工作时间都是坐在电脑前,很少有机会站起来活动,再加上公司福利好,会给员工准备零食与饮料,她进公司两年胖了12千克(24斤),从58千克胖到70千克。她觉得再这样下去可不行,但又不能让公司减少福利伤及无辜同事,于是决定辞职回家减肥。等到瘦下来,她再找一个不用在电脑前久坐的工作。

在她的离职交接单上,离职理由写着:"来公司长胖24斤,决定回家减肥。"

广东佛山是武术名家叶问起家的地方。当地有一家电机厂,一位男性组长在该厂工作3年。全厂近千名员工中,男性超过800人,而女性只有100多人,他一直无法物色到合适的女性谈恋爱结婚,对工作缺少热情与积极性,因此决定离职。

他在离职单上写道:"厂小,女孩少,不好泡妞。"

主管看后,在上面批注:"是你没本事泡妞,不要怨天尤人。"还他一记回马枪,在网络上传为笑谈。

并非只有男性才会抱怨职场没有结婚对象,女性也同样在意这件事。河南郑州一名女老师在辞职信上写道:"世界那么大,我想去看看。"这个理由在网络上引发网友热议,后来湖南株州云龙示范区有一位从事旅游业的女性,她仿效女老师的笔法,在辞呈上写道:"世界那么大,我想去看看;云龙那么小,男友不好找。"

这些离职理由,不走冠冕堂皇路线,而是将小员工的心声在辞呈或离职单上大剌剌地写出来,霸气到让人有一种痛快的感受,这也是它们在网络上疯传的原因。这些理由让我们看到一种新的价值观,**年轻人认为人生除了工作之外,还有其他重要的事情要去做,为了它们大可离职**,对于理由也不必扭捏、害羞地说不出口。

离职,是因为我要去寻找快乐

事实上,在台湾职场也有越来越多的年轻人,在离职单上勇敢写下自己因为追求自我而离职的理由。刚开始企业会有一种受到"惊吓"的感觉，但逐渐就会发现这是年轻人天真可爱的一面，而企业也要学会适应这个新世代的新离职观。

"公司里都是女生，我想换到一家男生多的公司，比较容易找到结婚对象。"担任主管职务的朋友曾经碰到过下属提交这样的离职理由。一年后他接到对方的喜帖，才知道这个理由是真的，不是开玩笑。

"我想参加226千米超级铁人三项赛，这是我的一个重要人生里程碑，必须要花时间练习，才能达到目标。"这是另一个朋友接到下属提交的离职理由。半年后，朋友在脸书上看到这位前下属跑到终点虚脱的照片。

人生大事，如追求美女、谈恋爱、结婚；个人兴趣，如超马三铁、单车环岛、险峰登顶；还有远赴法国学做地道的法式料理……太多太多快乐的事情，都值得抛下工作，为它们水里火里走一趟。

不可思议的离职理由一个个冒出来，减肥、认识异性、照顾狗狗、看看世界、挑战珠穆朗玛峰……在过去，这些离谱的理由，说出来多害羞啊！因此不会有人提出来，通常在离职单上写着"另有职业规划"。可是年轻人不这么想，他们认为这些事情比工作还重要，没有必要避讳，于是直接写在离职单上，明明白白地告诉老板或主管："别想多了，我就是为了这些你们认为不靠谱的理由而要离职。我没有不满，也没有不爽，就是为了这些让我快乐的理由而要离职。"

因为要去做快乐的事，所以要离职；因为要去完成自我，所以要离职；因为要让人生均衡圆满，所以要离职……离职这件事，可以预期的是将变得更健康、更正面。

风气一开，老板和主管们要有心理准备，这个时代，年轻人拍拍屁股走人的理由将会朝向自我及追求快乐发展，千奇百怪，令人出乎意料。也许理由听起来很离谱，其实这样的离职才是真正的靠谱，因为这才是均衡且丰富的人生。

【采取行动】

面对离职理由不被理解的委屈，你可以这么做——

快乐生活是终极的追求，离职理由不是工作不开心，而是有更开心的事要去做。有本事的人不会自觉委屈，而是采取行动，让企业接纳、重视它们带来的养分，进而为职业规划增值。

为了未来,颤抖也要走出去

只要是新鲜有趣、充满挑战的工作,总会有新的学习机会,你一定会不断碰到第一次。只是从没做过,自然担心会搞砸,不敢接手新任务,以致错失宝贵的经验。其实,你可以不必这么委屈……

最近，公司要推出一项新业务，有两位合适的同仁可以接手负责，二者能力势均力敌，令人难以做决定。老板先咨询有7年资历的同事，哪知道这位同事面露害怕的神色，摇着双手说："我没做过，我不会做。"

老板不作声，转身问有两年资历的另一位同事，得到完全不一样的反应。他说："我没做过，但我愿意一试。请问是不是会有人协助我？"

接着，老板再转回来，表情严肃地对第一位同事说："谁没有第一次？你以为你只是拒绝了这个第一次，其实你是拒绝了未来的加薪与升迁。"

女神也是人，会紧张到全身起红疹

这个场景，让我想起8年前的一场演讲。

我是主办单位的负责人，她是主讲人，我们约在后台碰面。她正对着镜子贴假睫毛，一根一根地贴着，手有些颤抖，经纪人静静地站在一旁一言不发。看她调整了半天，我忍不住从镜子里望过去，想看看能否帮上什么忙。其实每根睫毛都很到位，完全没有问题，不懂她还在调整什么。这时，经纪人看了我一眼，用一种"你懂得"的表情对我轻轻一笑。

这场演讲在台湾交通大学举办，台下坐的几乎都是男生。她刚一站到台上，台下听众的手机全部举起来，对着女神猛拍，"咔嚓咔嚓"响个不停。10多分钟后她开始演讲，第一句话是"这是我的第一次演讲……"

我回到第一排座位，离她只有两米远，眼见她从耳际、颈部到肩膀，小红点一粒粒冒出且散布开来，再蔓延至胸部，红成一大片。除了化妆的部位之外，看得到的肌肤全部突起小红点……

她，是隋棠！

那时隋棠已在演艺圈奋战了6年。她从模特起家，转战至银屏，拥有"女神"的封号，真正大红是因为饰演了《犀利人妻》中的谢安真一角。直到今天，她拍广告、拍电影、结婚生子，拥有广大的粉丝群，我都快记不得当年隋棠紧张羞涩的一面了。

第一次，不逊才有鬼

事实上，那次一系列的校园演讲，除了隋棠之外，我们还邀请了其他当红的明星艺人讲述他们的奋斗历程。有几位也是生平第一次演讲，包括蔡依林（台湾清华大学场）和方文山（台湾成功大学场），两人都紧张得不行。

难以想象吧，蔡依林啊！演唱会卖票秒杀，在舞台上又唱又跳，大玩音乐风格与视觉形象，她却对演讲感到极端害怕。后来经过双方讨论，改用采访的方式，由一位蔡依林熟悉的记者在讲台上和她一问一答。即使如此，在现场她仍然有一两次接不上话。

到了台湾成功大学，方文山在台上，我坐在他的左前侧，看着他斗大的汗珠一颗颗滴在地上，滴成一摊水，映出天花板上的日光灯，还会反光呢！他可能没有想到会如此冒汗，随身未带手帕。我忙不迭地送上面巾纸，他竟然紧张到连面巾纸都不敢碰一下。

谁没有第一次？

谁的第一次不是逊呆了？

| 拒绝第一次，就是拒绝未来

第一次，总是令人紧张害怕。第一次一个人出差、第一次打电话给客户公司的总经理、第一次上台做简报、第一次面对性质严重的投诉、第一次争取逾百万元的大项目……太多太多的第一次，每件事都是打从出娘胎就没碰到过，而大家都在睁大眼睛看你是搞砸，还是搞出名堂，可以想见内心的恐惧与焦虑。

这时，很多人都会干脆双手一伸，往外一推，说："我没做过，我不会做，所以我不要做！"

看似只是拒绝了某个"第一次"，其实却是拒绝了整个未来，拒绝第一次后面的"无限多次"机会。所有的第二次、第三次、第四次……都是从第一次开始的，**不想为了"第一次"而紧张害怕，就等于选择没有未来的职业生涯，必须为将来没有其他"更多次"的机会而紧张害怕。**

从7-ELEVEn转换跑道，进入全联超市的徐重仁，几乎是台湾连锁超商超市的经营之神。即便如此，徐重仁仍不讳言，他刚管理7-ELEVEn时，每天都会碰上一些平生第一次，也会没有自信、紧张害怕。

可是他告诉自己，这不过是没有经验、缺少练习罢了，唯一的办法就是"不断练习，直到焦虑解除"。

很神吗？不过是熟能生巧罢了

你练习什么，自然会精通什么。我看过一个极具启发性的故事。

在乡镇的广场上，有一位神射手在表演射箭，每支箭都正中靶心，百发百中。围观的群众无不拍手叫好，唯独一人不以为然，他说："这只是熟能生巧罢了！"

神射手生气了，要对方也来试试看。这个人没有迎战去射箭，而是搬出一个大油桶和一只细颈瓶子，接着抡起大油桶高高举起，将油倒入细颈瓶子里，一滴油也没有溢出来。神射手看得下巴都要掉了，双手一拱说："佩服！佩服！"对方回礼，谦逊地说："我是一个卖油郎，这只是熟能生巧罢了！"

是啊，凡事都有第一次，大家都一样逊！练习什么就会精通什么，各行各业的行家高手不过都是练习、再练习，熟能生巧罢了。他们都是从第一次开始起步的，对抗害怕恐惧的心情，不断在内心向自己喊话，给自己信心，告诉自己：

"如果我现在气喘吁吁，是因为我在爬上坡。"

"如果我现在紧张害怕,是因为我正在进步。"

"如果我现在焦虑不安,是因为我还需要多练习。"

下次老板再交给你新的差事,不怕!不怕!只要练习、再练习,就可以消除弱项,减轻不安。成功,只是熟能生巧。现在还未成功,也只是还不熟练而已。

【采取行动】

面对第一次的委屈,你可以这么做——

谁的第一次不是逊呆了?谁不是在颤抖中迈出第一步?有本事的人不会自觉委屈,而是采取行动,勇敢接下新任务,多试几次,拥有丰富的实战经验,自信与胆识自然就练出来了。